华东师范大学出版社

餐巾折花艺术

职业教育高星级饭店运营与管理（酒店服务与管理）专业教学用书

主　编　沈　瑗

副主编　周慧慧

主　审　李文亮　范彩萍

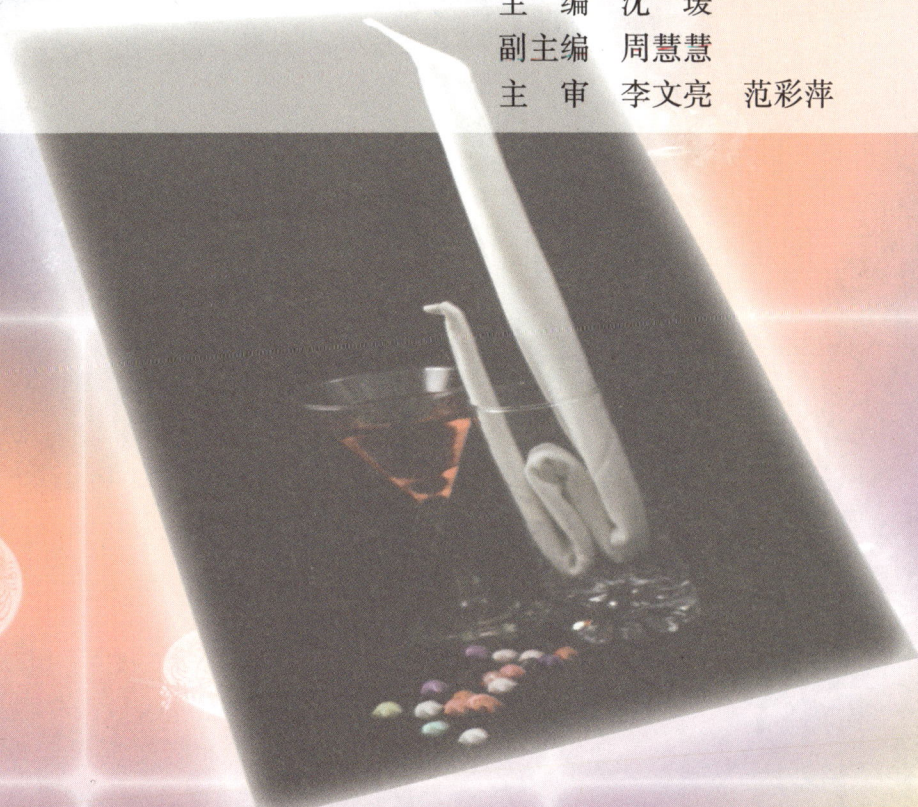

Chubanshuoming 出版说明

本书是职业学校酒店服务与管理专业教学用书,也是一本非常有实用价值的教材。

本书展示了杯花、环花和盆花共 100 例,全彩印刷,以图片配以少量文字显示,步骤清晰、直观易学;并对各种花式适用的场合做了说明,可帮助学生迅速掌握操作技巧,提升服务质量。

书的最后附有中西餐桌布置展示,集中展示了多款经典折花花式。

为了方便教师的教学活动,本书还配套有:

《餐巾折花艺术·教师手册》 含有每个花式的详细讲解、注意点和背景介绍等。

本书相关资源:p.p.t 和电子教案等,可到 have. ecnupress. com. cn 搜索"餐巾折花"下载。

华东师范大学出版社

2012 年 9 月

Qianyan 前 言

　　这是一本很有价值的教材,书中的第一模块杯花与第二模块盆花属于考证类花型,均根据上海市人力资源和社会保障局组织的餐饮服务初、中、高级考证折花部分要求所编制;第三、四、五模块则是拓展类,为职业院校酒店专业学生学习折花技能提供"营养佐餐",提升审美情趣。

　　这也是一本很实用的教材,书中展示了杯花、环花和盆花成品共100例,详细叙述了其适用场合及制作图解。所选品种均为时下高档宴席中使用的流行品种,照片丰富,步骤清晰,真正"手把手"式传授,可帮助餐饮企业服务与管理人员迅速掌握操作技巧,提升服务质量。

　　这还是一本给人享受悠闲生活的好书,拥有高雅情趣的手工看好者们可以悠然地享受一段"手指运动"的时光,尽情享用餐巾等布艺装点家居生活空间的过程,提升生活品位。

　　本书主审由李文亮校长和餐饮服务大师范彩萍两位老师共同承担;由沈瑗老师担任主编,负责环花的操作以及全书的修改;副主编周慧慧老师负责杯花、盆花的操作;唐菊、雷志雄和许彦三位老师分别负责杯花部分、环花部分和盆花部分的文字撰写;全书的布局构成得益于特级教师张振华老师的拍摄技艺,以及邱怡婷、黄厦蓉、张捷、苏强和顾晓宇等同学的大力协助,在此一并表示感谢!

编　者

2012年9月

Contents 目 录

目 录 Contents

模块一：基础杯花

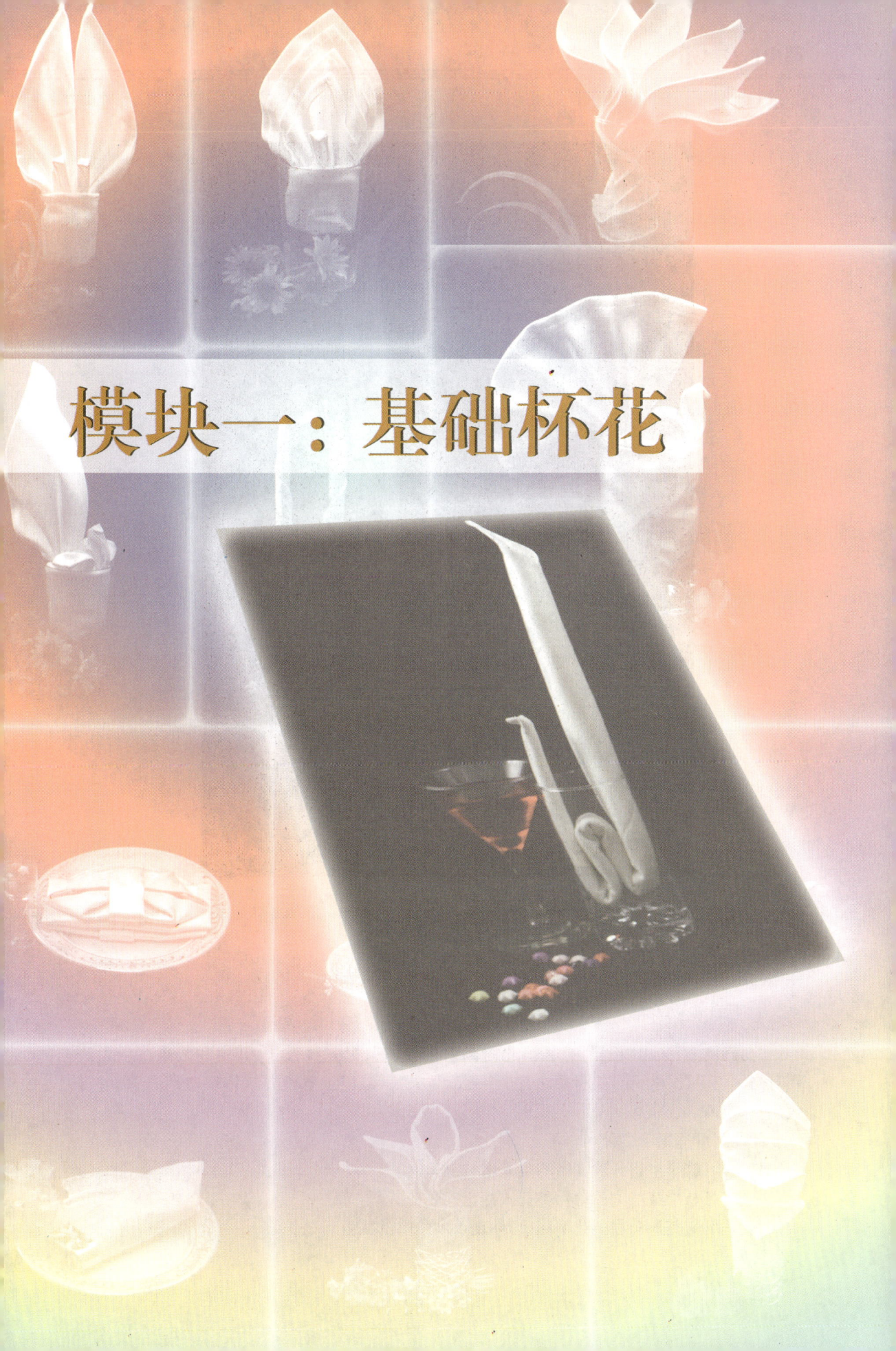

1. 白鹤放影

　　"白鹤放影"又称"长尾白鹤"。此白鹤采用卷、折、捏三种技法,其中卷法采用斜卷法。鹤身与鹤颈应比例恰当,鹤身两边松紧一致,鸟头紧实,以上各种要求体现白鹤高耸挺拔的效果。

　　此花型可适用于多种场合:

　　其一,可放于中餐各种宴席的主人席位上;

　　其二,可与果蔬雕刻的动物类花式冷盘相呼应;

　　其三,可与其他动物类花型同放,体现百鸟争鸣的寓意。

1. 口布打开，反面向上。

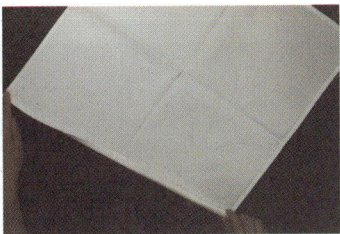

2. 旋转 45°后，左手按住左角。

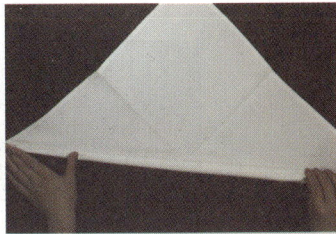

3. 右手将最靠近自己的一角轻微拉直后进行斜卷，至对角线。

4. 左手固定住已卷部分，右手再次将最远角轻微拉直后斜卷。

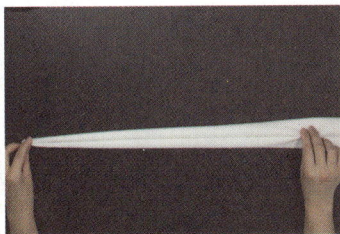

5. 卷毕，拉直整理。

6. 将较细一头向上折约四分之一，做鸟头。注意光滑面在内，卷边在外。

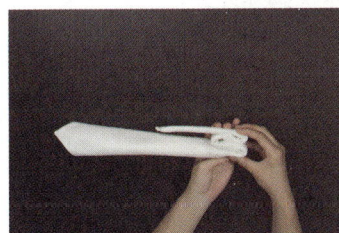

7. 将较粗一头捌成"W"形，形成鸟身与尾部。

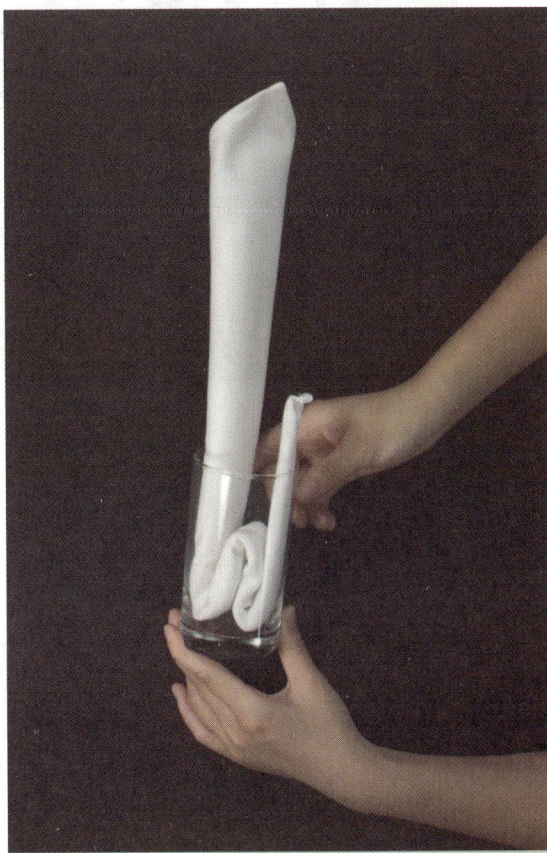

8. 一手攥紧鸟身，另一手捏出鸟头。

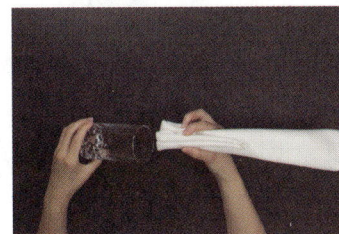

9. 插入杯中。

10. 整理成型。

2. 比翼双飞

"比翼双飞"采用折、推、捏、攥四种技法。要求尾部高耸挺立，鸟头紧实挺直，左右须均匀对称，鸟头与鸟身应成适当比例，如此才能起到应有的效果。

此花型适用于多种场合：

其一，夫妇或兄妹关系的两人在事业上都有成就的，可放此花。

其二，可与果蔬雕刻的动物类花式冷盘相呼应；

其三，可与其他动物类花型同放，体现百鸟争鸣的寓意。

1. 口布打开，反面向上。

2. 对折成大三角形。

3. 从三角形底边中央向顶角推折。

4. 推折至距离顶角约8厘米处。

5. 向着自己的方向对折。

6. 将推折的部分打开。

7. 将其中一个角做成鸟头。

8. 将另一个角做成鸟头。

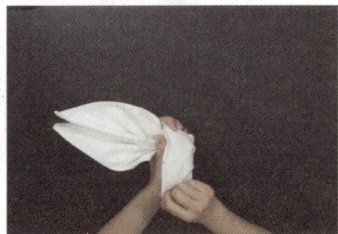

9. 用多余的口布将底部包裹。

10. 包裹整齐。

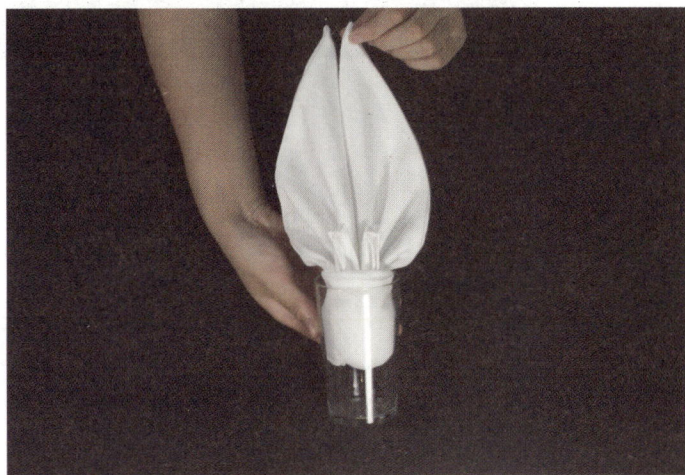

12. 整理成型。

11. 插入杯中。

3. 一尾擎天

"一尾擎天"又称"长尾鸟",因其尾部高且直而得名。它采用了折、推、捏、拉、攥五种技法。鸟身推折均匀,富有层次感,尾部高耸挺立,翼部微张,鸟头紧实。整个鸟型,要求做到头、身、尾的比例协调,才能充分体现此鸟的特性。

此花型适用于多种场合:

其一,可放于中餐各种宴席主人席位上;

其二,可与果蔬雕刻的动物类花式冷盘相呼应;

其三,可与其他动物类花型同放,并且摆放时做到高低错落有致,体现百鸟争鸣的寓意。

1. 口布打开，反面向上。

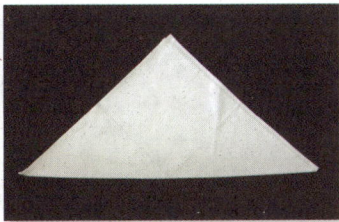

2. 对折成大三角形。

3. 取底边右半部分的中心点，以此为基准向外侧推折。

4. 推折完毕。

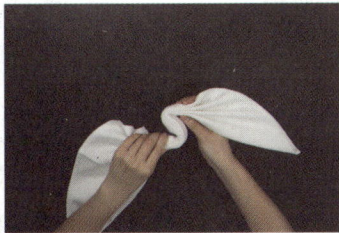

5. 将推折部分折尺形折叠，形成鸟身。

6. 一手捏住鸟身，注意预留出两片最小的角。

7. 另一手将其中一角做成翅膀。

8. 同样操作另一角。

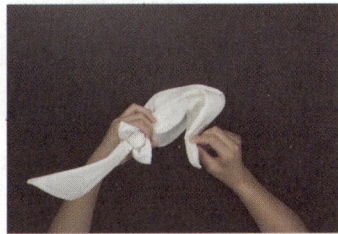

9. 一手攥紧鸟身，另一手拉起最长的一侧做鸟头。

10. 注意鸟头向上竖起，不前冲。

11. 将多余口布拉平、包裹。

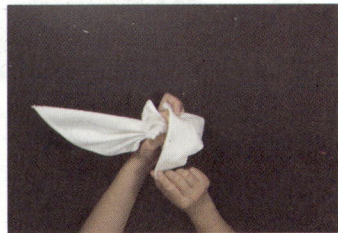

12. 将底部整理平整。

13. 插入杯中，整理成型。

4. 美洲火鸡

"美洲火鸡"采用折、推、捏、攥四种技法。要求鸟身层次分明,鸟头高耸紧实,以达到美观的效果。此花对初学者来说是磨练基本功的有效方法之一。

此花型适用于多种场合:

其一,用于感恩节宴请国际友人共进晚餐的宴席上;

其二,用于大型宴会的摆放,起到整齐划一的作用;

其三,可与其他动物类花型同放,体现百鸟争鸣的寓意。

1. 口布打开，正面向上。

2. 上下对折，成长方形。

3. 左右对折，成正方形。

4. 将四层布的一角向着自己，上面的三层逐层向上折，注意留出间距。

5. 旋转90°后，从中间向两边推折。

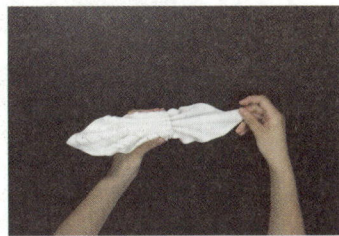

6. 推折完毕。

7. 将单层口布拉起，做成鸟头。

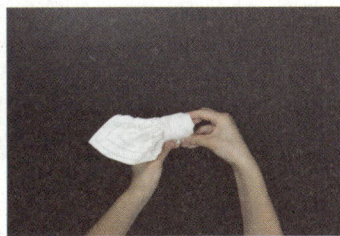

8. 整理两边多余口布。

9. 插入杯中。

10. 整理成型。

5. 小鸟春歌

"小鸟春歌"采用折、推、串、捏、攥、拉六种技法。要求鸟身褶皱均匀、紧密,鸟头昂首、大小适中,鸟尾微微上翘,以达到美观的效果。

此花型适用于多种场合:

其一,可以放在年轻女子的席位上,与其相配;

其二,可与果蔬雕刻的动物类花式冷盘相呼应;

其三,可与其他动物类花型同放,体现百鸟争鸣的寓意。

1. 口布打开，反面向上。

2. 上下对折，成长方形。

3. 左右对折，成正方形。

4. 将四层布的一角向着自己，第一层向上翻起约6~8厘米。

5. 同样操作第二层，距第一层0.5厘米。将筷子插入两层之间。

6. 按紧筷子的同时向前推，注意不要放松口布。

7. 推完后一手向筷子方向收紧，另一手整理口布。

8. 拉起第一层做鸟头。

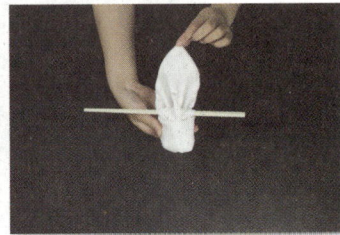

9. 用下部的口布将底部包裹平整。

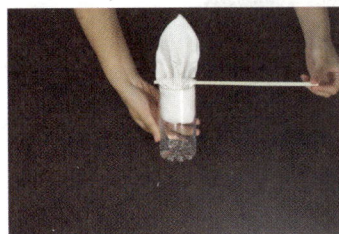

10. 插入杯中，抽出筷子。

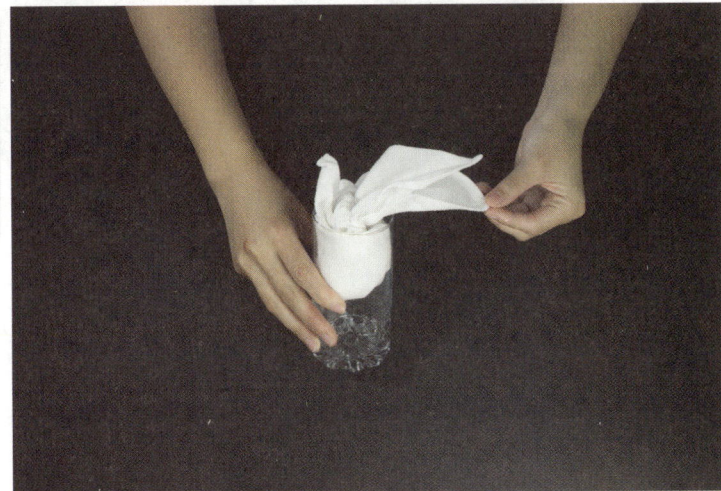

11. 打开尾部，整理成型。

6. 扇尾神鸟

"扇尾神鸟"又称"神扇鸟"。它采用了折、推、捏、攥四种技法。要求鸟身推折均匀,饱满,富有层次感,鸟头昂首、大小适中,鸟尾推折大小合适,成扇形状。以上各种要求体现了此鸟神采奕奕的形态。

此花型适用场合和注意点:

其一,用于夏天宴请宾客,给人一种清爽袭人的感觉;

其二,此花在摆放餐桌时需有适当的倾斜度,以避免遮盖其他餐具;

其三,可与其他动物类花型同放,体现百鸟争鸣的寓意。

1. 口布打开，反面向上。

2. 上下对折，成长方形。

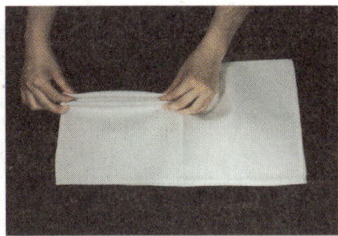

3. 右手捏口布底边右起四分之一处，左手捏底边中点，向外推折。

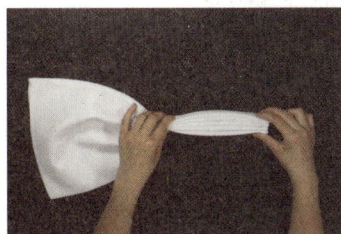

4. 推折完毕。

5. 将推折部分折尺形折叠，形成鸟身。

6. 一手捏紧鸟身。

7. 另一手选择较大两片口布的其中一角，做成鸟头。

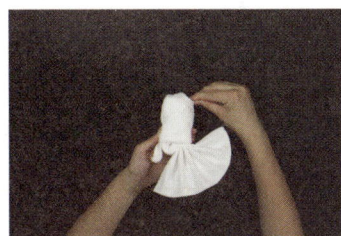

8. 用剩余口布将底部包裹平整。

9. 插入杯中，整理成型。

7. 金蜂甜蜜

"金蜂甜蜜"又称"小蜜蜂"。它采用了折、穿、推、捏、翻、攥六种技法。要求推折平整,翅膀两两对称、大小一致,包裹紧实、整齐,以达到美观的效果。以上的各种要求体现出小蜜蜂栩栩如生的形态。

此花型适用于多种场合:

其一,用于各种年会宴请,寓意着员工一年的辛勤劳动;

其二,可与果蔬雕刻的动物类花式冷盘相呼应;

其三,可与其他动物类花型同放,体现百鸟争鸣的寓意。

1. 口布打开，反面向上。

2. 上下对折，成长方形。注意开口向己侧。

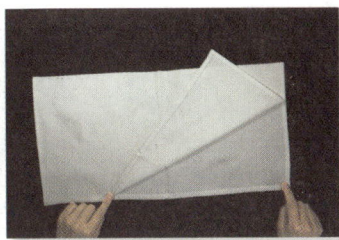

3. 己侧一角向外侧翻折，约在外侧边四分之一处露出尖角。

4. 同样操作己侧另一角，但露出的尖角略小于第一个角。

5. 将口布翻面后同样操作，注意与第一面对称。

6. 旋转90°后，将筷子插入口布中。

7. 按紧筷子的同时向前推，推完后一手向筷子方向收紧，另一手整理口布。

8. 拉出翅膀，注意对称。

9. 用剩余口布将底部包裹平整。

10. 插入杯中，抽出筷子。

11. 整理成型。

8. 双蝶并舞

"双蝶并舞"又称"蝴蝶"。它采用了折、卷、推、捏四种技法，其中卷时松紧适中，推折平整，翼部对称且大小相等，以达到美观的效果。以上的各种要求体现出蝴蝶翩翩起舞的形态。

此花型适用于多种场合：

其一，放于大型宴会上重要人士的席位上；

其二，可用于宴请席上新婚的夫妇们；

其三，可与其他动物类花型同放，体现百鸟争鸣的寓意。

1. 口布打开，反面向上。

2. 将两边向内对折至中心线后，四角向外翻折，注意对称。

3. 从下往上卷至中心线。

4. 同方向推折另一半口布。

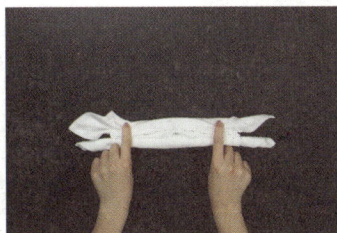

5. 推折完毕。

6. 将口布向己侧对折，并整理。

7. 插入杯中。

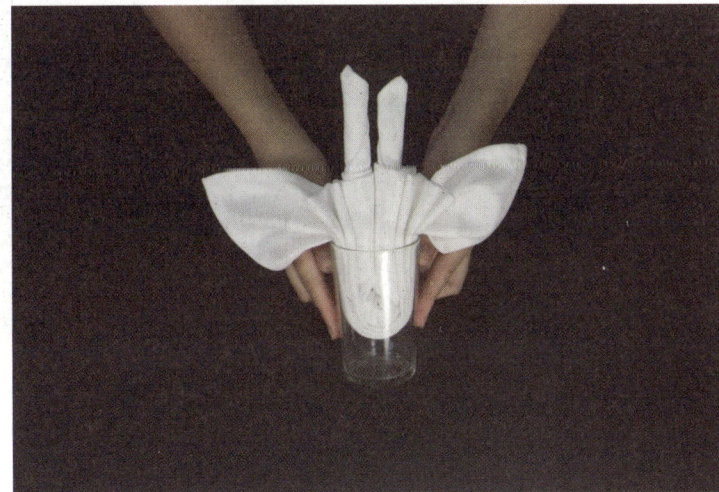

8. 整理成型。

9. 雨后春笋

"雨后春笋"采用了折、翻两种技法,其中翻的技法要求间距均匀,层次分明。

此花型适用场合和特点:

其一,可用于新年的聚餐宴请,象征生活水平步步高升;

其二,春笋是春季的食材,能与菜品相配;

其三,将有突出贡献的青年人才比作是雨后的春笋,茁壮成长。

其四,如用土黄色餐巾折叠能起到以假乱真的效果。

1. 口布打开，反面向上。

2. 上下对折，成长方形。

3. 左右对折，成正方形。

4. 将四层布的一角向着自己，逐层向上折，注意留出间距。

5. 将口布翻面。

6. 从一侧开始向中间平卷。

7. 同样操作另一侧。

9. 插入杯环中，整理成型。

8. 将四角逐层向下翻，成笋壳状。

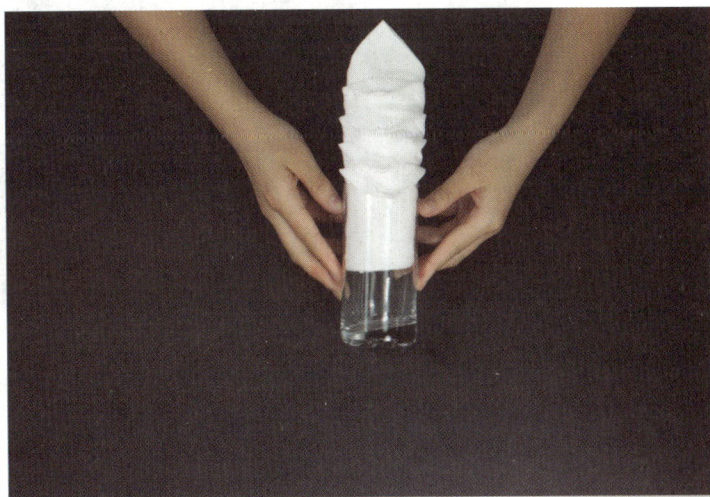

10. 凌波微步

"凌波微步"又称"荷叶"。它采用了折、推两种技法。要求推折平整,宽度一致,在整理的时候应注意荷叶的层次感,以达到逼真的效果。此花对初学者来说是磨练基本功的有效方法之一。

此花型适用于多种场合:

其一,用于夏天宴请宾客,给人一种清爽袭人的感觉;

其二,放于姓何的宾客席位前,与其相配;

其三,可以与夏季时令菜品相呼应。

1. 口布打开，反面向上。　　2. 上下对折，成长方形。　　3. 左右对折，成正方形。

4. 将四层布的一角向着自己，再向上对折，距顶端2厘米。　　5. 旋转90°后，从三角形的中间向两边推折。　　6. 推折完毕。

7. 翻出嘴部。　　8. 逐次翻出四片尾巴。

9. 插入杯中，整理成型。

11. 玉叶春色

"玉叶春色"又称"一片叶"。它采用了折、推、攥三种技法。要求首先推折平整,宽度一致,其次叶子的高度和作品整体相匹配,再次包裹时应紧实、平整,插杯适宜,以达到美观的效果。此花对初学者来说是磨练基本功的有效方法之一。

此花型适用场合和特点:

其一,用于大型宴会,摆放此花可起到整齐划一的效果;

其二,此花的摆放不遮盖其他餐具;

其三,此花若用绿色餐巾折叠,与天然植物同放一处能与其媲美。

1. 口布打开，反面向上。

2. 上下对折，成长方形。

3. 左右对折，成正方形。

4. 将四层布的一角向左（或向右），以横向对角线为轴心向两侧推折。

5. 推折完毕后拉直。

6. 一手攥紧褶裥，一手将四片口布的一端进行包裹。

7. 插入杯中，整理成型。

12. 仙人单掌

"仙人单掌"又称"仙人掌"。它采用了折、推两种技法,推折要求斜推而且左右均匀,推折平整,弧形自然,以达到美观的效果。此花对初学者来说是磨练基本功的有效方法之一。

此花型适用场合和特点:

其一,用于大型宴会,摆放此花可起到整齐划一的效果;

其二,此花的摆放不遮盖其他餐具;

其三,此花若用绿色餐巾折叠,与天然植物同放一处能与其媲美。

1. 口布打开,反面向上。

2. 上下对折,成长方形。

3. 左右对折,成正方形。

4. 将四层布开口的一角向着自己,翻起上面两层向上对折。

5. 将口布翻面后,把剩下的两层再往上对折。

6. 旋转90°后,一手按住长边中点,另一手单侧斜推。

7. 同样操作另一侧。

8. 插入杯中,整理成型。

13. 鸡冠花开

"鸡冠花开"又称"串串红"。它采用了折、穿、推、攥四种技法,其中穿的技法要求褶皱均匀、紧密,宽度一致,以达到美观的效果。此花对初学者来说是磨练基本功的有效方法之一。

此花型适用场合和注意点:

其一,此花可用红色餐巾折叠放于春节宴席上,寓意着红红火火;

其二,此花放在餐桌上绿色植物前面,给人一种充满活力的感觉;

其三,此花摆放时应注意避免遮盖餐具。

1. 口布打开，反面向上。

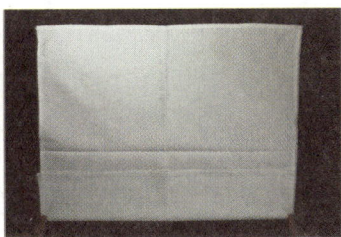

2. 将口布下边缘自下往上折至距中心线约2厘米处。

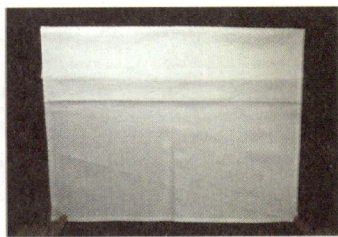

3. 将口布翻面。

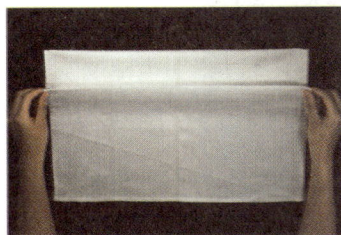

4. 双手捏起中心线，将中心线以上部分对折。

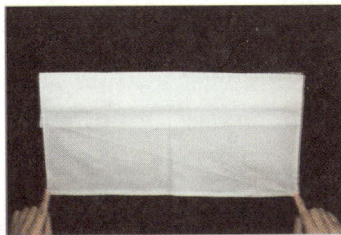

5. 对折完毕。

6. 旋转90°后，将两根筷子分别插入两层口布中。

7. 按紧筷子的同时向前推，注意不要放松口布。

8. 推完后一手向筷子方向收紧，另一手整理口布。

9. 用剩余口布将底部包裹平整。

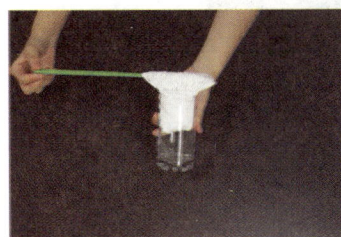

10. 插入杯中，抽出筷子。

11. 整理成型。

14. 双叶鸡冠

　　"双叶鸡冠"又称"鸡冠花"。它采用了折、穿、推、拉、攥五种技法，其中穿的技法要求褶皱均匀、紧密，宽度一致。还要求包裹紧实、平整，插杯适宜，以达到美观的效果。此花对初学者来说是磨练基本功的有效方法之一。

　　此花型适用场合和注意点：

　　其一，此花用红色餐巾折叠放于春节宴请席上，寓意着红红火火；

　　其二，如有属鸡的宾客，可在相应席位上摆放此花；

　　其三，此花摆放时应避免遮盖餐具。

1. 口布打开，反面向上。

2. 对折成大三角形。

3. 将上层向内折尺形翻折，
   露出的角约为 2~3 厘米。

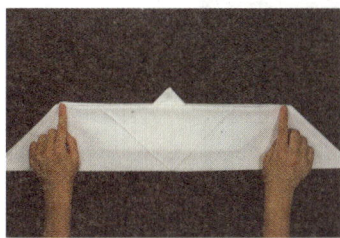

4. 将口布翻面后，同样操作
   另一侧。

5. 旋转 90°后，将两根筷子
   分别插入两层口布中。

6. 按紧筷子的同时向前推，
   注意不要放松口布。

7. 推完后一手向筷子方向
   收紧，另一手整理口布。

8. 用剩余口布将底部包裹
   平整。

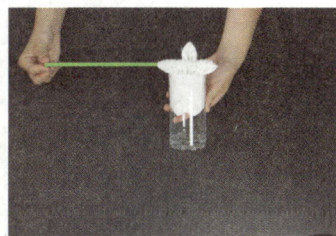

9. 插入杯中，抽出筷子。

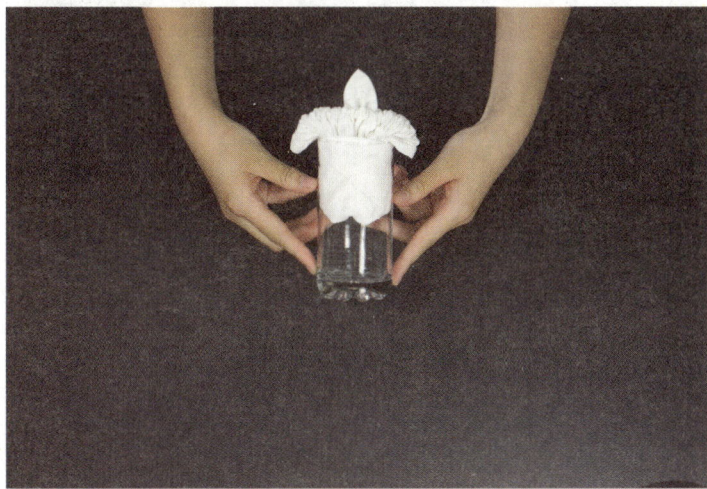

10. 整理成型。

15. 玉扇凌风

　　"玉扇临风"又称"银杏叶"。它采用了折、推两种技法。折叠的位置应与银杏叶的高度成比例,推的技法要求平整、宽度一致,两边的折叠成对称状,整体弧度自然、平滑,以达到美观的效果。此花对初学者来说是磨练基本功的有效方法之一。

　　此花型适用于多种场合:

　　其一,用于夏天宴请宾客,给人一种清爽袭人的感觉;

　　其二,可放于小宾客面前,给人一种快乐感;

　　其三,可用于诗歌文艺等晚会,起到呼应作用。

1. 口布打开,反面向上。

2. 将口布下边缘自下往上折至中心线。

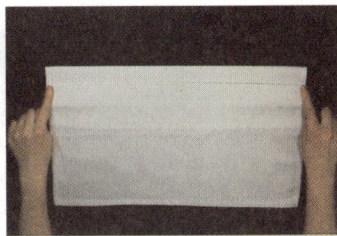

3. 将口布翻面后,旋转180°。双手捏起中心线,向上折至距最外侧边约2厘米。

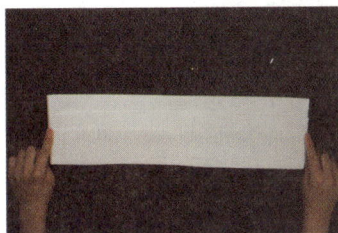

4. 同样操作剩余口布。

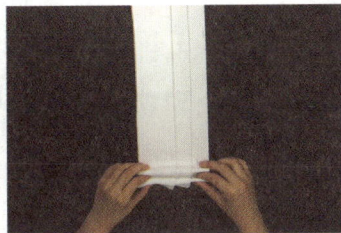

5. 旋转90°后,从己侧向外推折。

6. 推折完毕。

7. 插入杯中,整理成型。

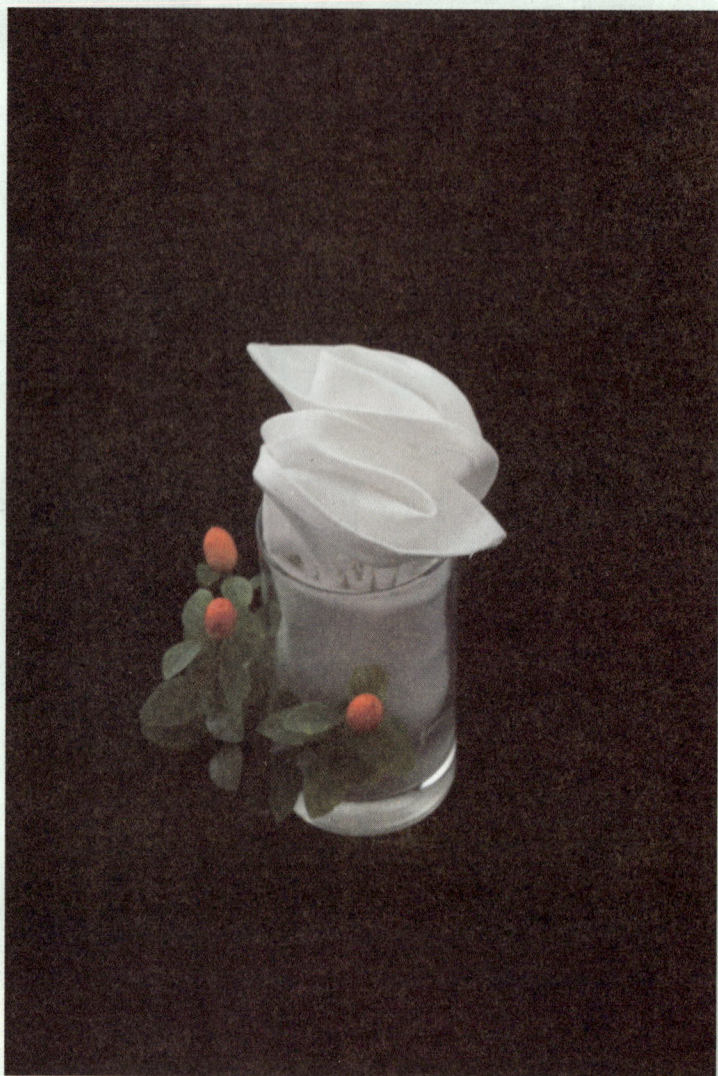

16. 并蒂花开

　　"并蒂花开"又称"双胞花"。它采用了折、推、翻、攥四种技法。其中推法要求推折平整，而花苞使用特殊翻的技法，使两个花苞大小一致、方向相反，以达到美观、逼真的效果。以上的各种要求体现双胞花相似的特点。此花对初学者来说是磨练基本功的有效方法之一。

　　此花型适用场合和特点：

　　其一，放于孪生兄弟姐妹宴请的席位上，寓意着手足情深；

　　其二，可与其他植物类花型同放，体现百花齐放的寓意；

　　其三，此花的摆放不遮盖其他餐具。

1. 口布打开，反面向上。

2. 上下对折，成长方形，注意开口向外侧。

3. 将左下角（或右下角）折至外边缘中心点。

4. 将口布翻面。

5. 同样操作另一角，成三角形。

6. 一手持三角形顶端，另一手提起三角形最长边的上面一层，注意捏住中心点。轻提后放下，如图成正方形，并将开口处向外。

7. 将第一层向己侧翻折至中心点。翻面后同样操作另一层。

8. 旋转90°后，从中间向两边推折。

9. 推折完毕后拉直。

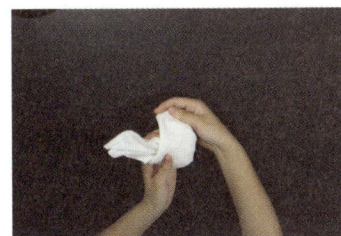

10. 一手攥紧花型，注意分岔角向上，另一手用下部口布将底部包裹平整。

11. 翻出花瓣。

12. 注意两片花瓣方向相反、大小相同。

13. 插入杯中，整理成型。

17. 凌波荷香

　　"凌波荷香"又称"荷花"。它采用了折、推、攥三种技法。首先要求推折平整,宽度一致,其次在整理的时候应注意荷叶的层次感,以达到逼真的效果,最后包裹要求紧实、平整。此花对初学者来说是磨练基本功的有效方法之一。

　　此花型适用于多种场合:

　　其一,用于夏天宴请宾客,给人一种清爽袭人的感觉;

　　其二,大型宴会摆放此花起到整齐划一的效果;

　　其三,放于姓何的宾客席位前,与其相配。

1. 口布打开，反面向上。

2. 上下对折，成长方形。

3. 左右对折，成正方形。

4. 将四层布的一角向左（或向右），以横向对角线为轴心向两侧推折。

5. 推折完毕后拉直。

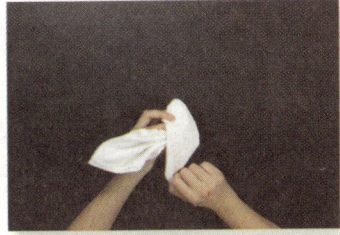

6. 一手攥紧褶裥，注意四片口布的一端向上。另一手用下部口布将底部包裹平整。

7. 拉开四片叶片。

8. 插入杯中，整理成型。

18. 风荷雅韵

"风荷雅韵"又称"出水芙蓉"。它采用了折、推两种技法。要求推折平整,宽度一致,在整理的时候应注意荷叶的层次感,以达到逼真的效果。此花对初学者来说是磨练基本功的有效方法之一。

此花型适用于多种场合:

其一,用于夏天宴请宾客,给人一种清爽袭人的感觉;

其二,放于中餐宴请女士席位前,寓意人如出水芙蓉一般;

其三,可以与夏季时令菜品相呼应。

1. 口布打开,反面向上。

2. 上下对折,成长方形。

3. 左右对折,成正方形。

4. 将四层布的一角向着自己,翻起前两层向上对折。

5. 将口布翻面,将剩下的两层再往上对折。

6. 旋转90°后,从三角形的中间向两边推折。

7. 一手攥紧底部,另一手整理顶端部分。

8. 拉出花瓣。

9. 将中间的"花蕊"轻微拉开。

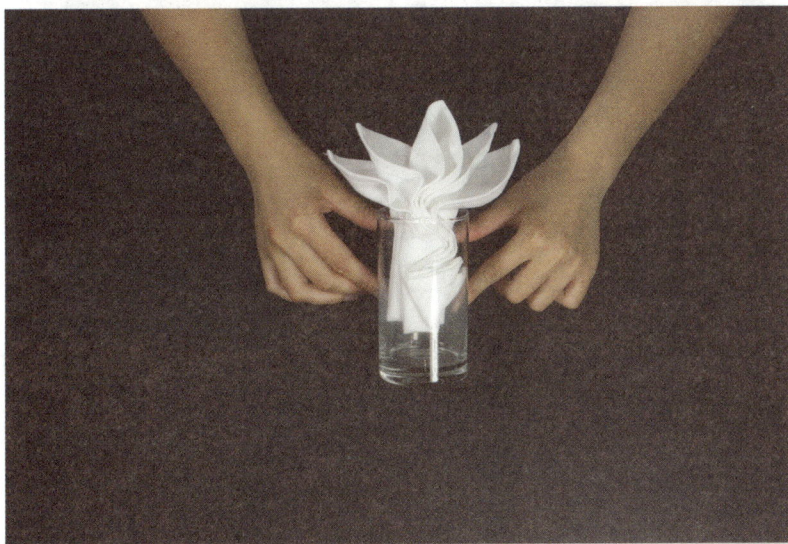

10. 插入杯中,整理成型。

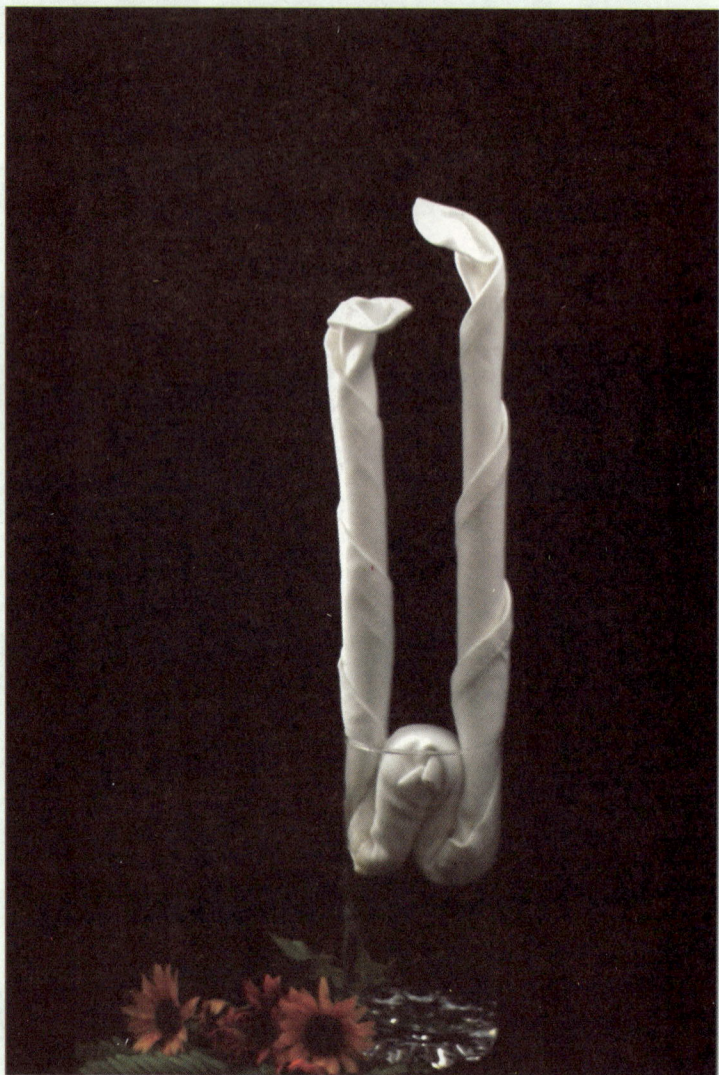

19. 马蹄双莲

"马蹄双莲"采用折、卷、翻三种技法,花环要求卷成粗细均匀、螺旋线对称且高低错落有致的造型,以达到整体效果美观的目的。

此花型适用于多种场合:

其一,可放于中餐各种宴会主人席位上;

其二,可与季节相配,配上花型各异的植物类花型,有春暖花开之意;

其三,用于长辈生日宴请席位上,寓意长辈康健常青。

1. 口布打开，反面向上。

2. 对折成大三角形，注意上片略小于下片。

3. 向上平卷。

4. 卷毕，轻拉两头使平整。

5. 对折。

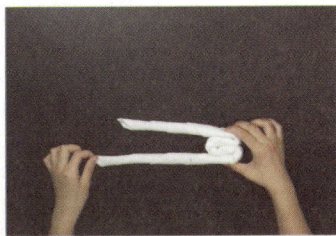

6. 捌成"W"形，一侧略长于另一侧。

7. 一手攥住底部，另一手拉出一角做花瓣。

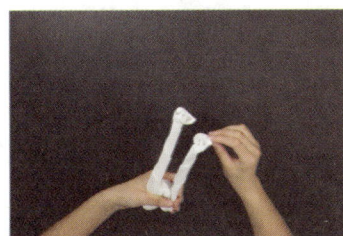

8. 同样操作另一角。

9. 插入杯中，整理成型。

20. 喜庆花篮

　　"喜庆花篮"采用折、卷两种技法,花环要求卷成粗细均匀、螺旋线对称的图形。此花篮可用红丝带作为饰品进行点缀,能起到独特的视觉效果。

　　此花型适用于多种场合:

　　其一,可放于为来宾接风的宴请上,表达主人对来宾的热烈欢迎;

　　其二,可与季节相配,配上花型各异的植物类花型,有春暖花开之意;

　　其三,可与菜品相配,如"迎宾花篮"冷盘;

　　其四,用于企业开张时,起到喜庆的效果。

1. 口布打开，反面向上。

2. 对折成大三角形。

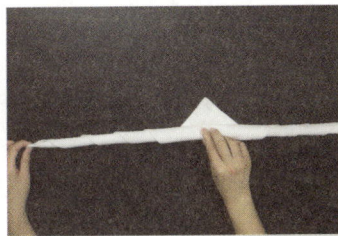

3. 从下往上平卷，距定点约
   3～4厘米。

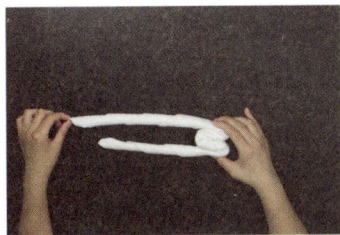

4. 将口布拉直后，拗成"W"
   形，一侧略长于另一侧。

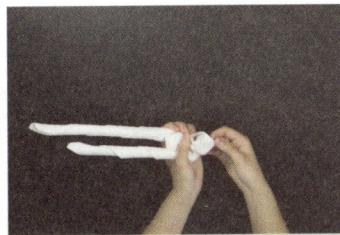

5. 一手攥住底部，另一手拉
   出一角做叶片。

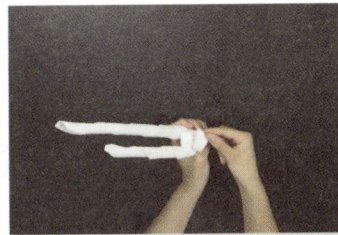

6. 同样操作另一角。

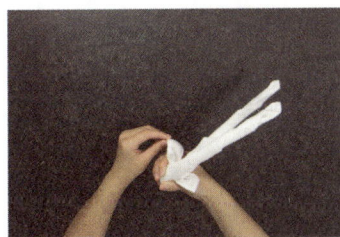

7. 整理两叶片，使对等。

8. 将口布一端插入另一端。

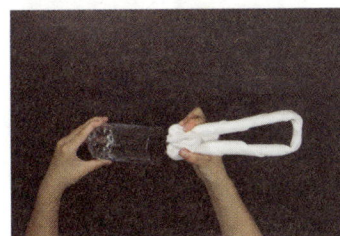

9. 插入杯中。

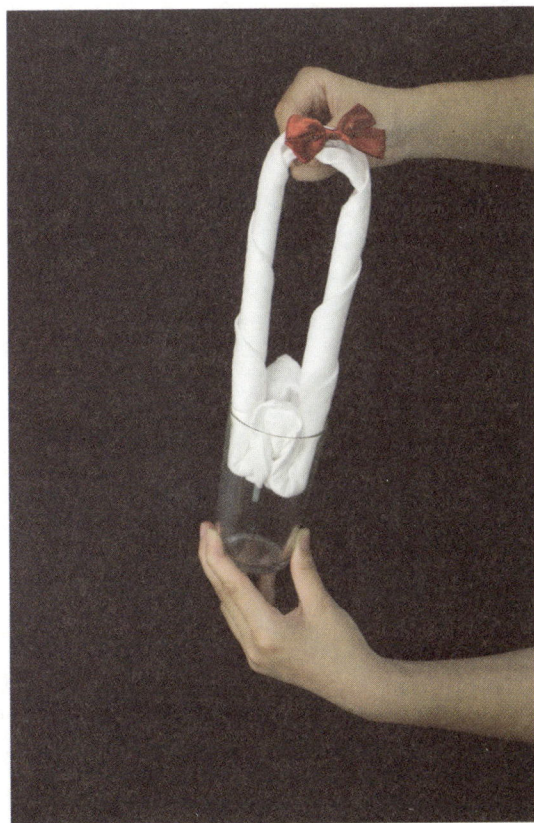

10. 整理成型，可适当以饰物进行点缀。

模块二：基础盆花

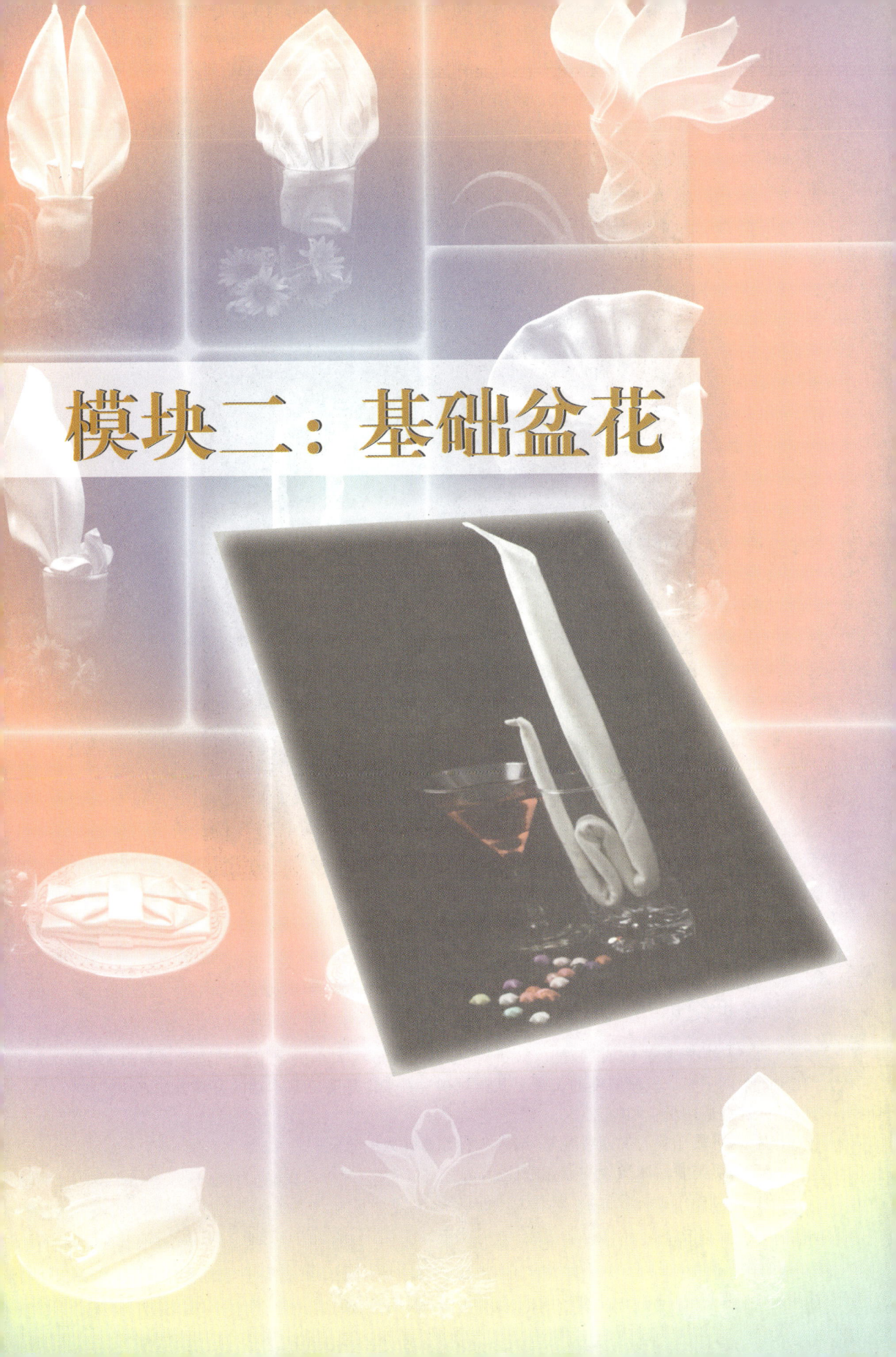

1. 世纪冰川

"世纪冰川"采用了折的技法。推折时,根据此花形状大小决定推折的宽度,操作的关键在于折痕的平整以及倾斜度的美观。此花对初学者来说是磨练基本功的有效方法之一。

此花型适用场合和特点:

其一,可放于夏天的西餐晚宴,给人一种凉意扑人的感觉;

其二,可与餐后冰激凌甜点相呼应;

其三,可用白色餐巾折叠,以产生一种真实感。

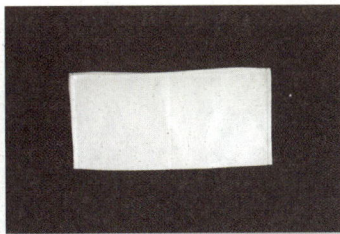

1. 口布打开,反面向上。

2. 上下对折,成长方形。

3. 左右对折,成正方形。

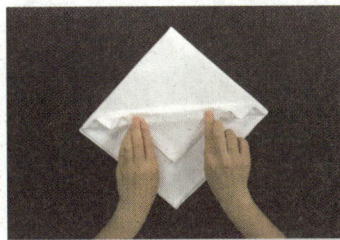

4. 将四层布的一角向着自己,将第一层往上对折。

5. 用平折的方法来折叠第一层。

6. 折叠完毕。

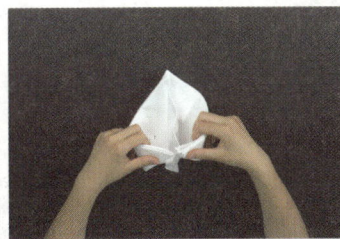

7. 旋转90°后,反向对折。

8. 将多层的一角插入双层的一角缝中。

9. 拉直褶裥。

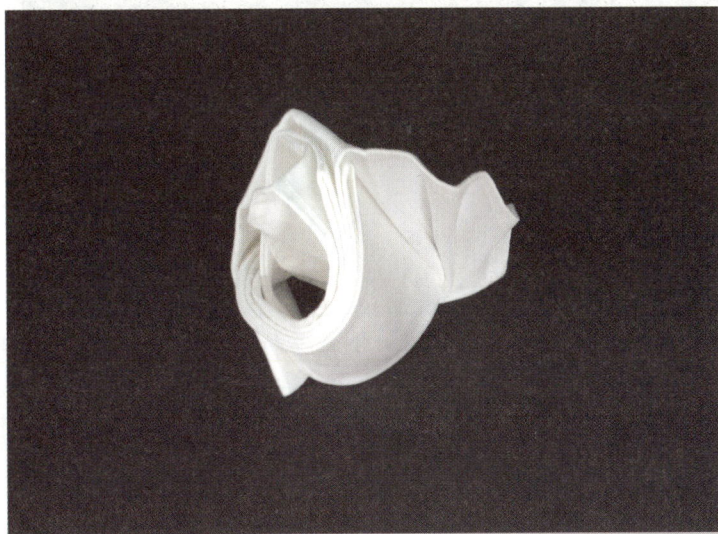

10. 整理成型。

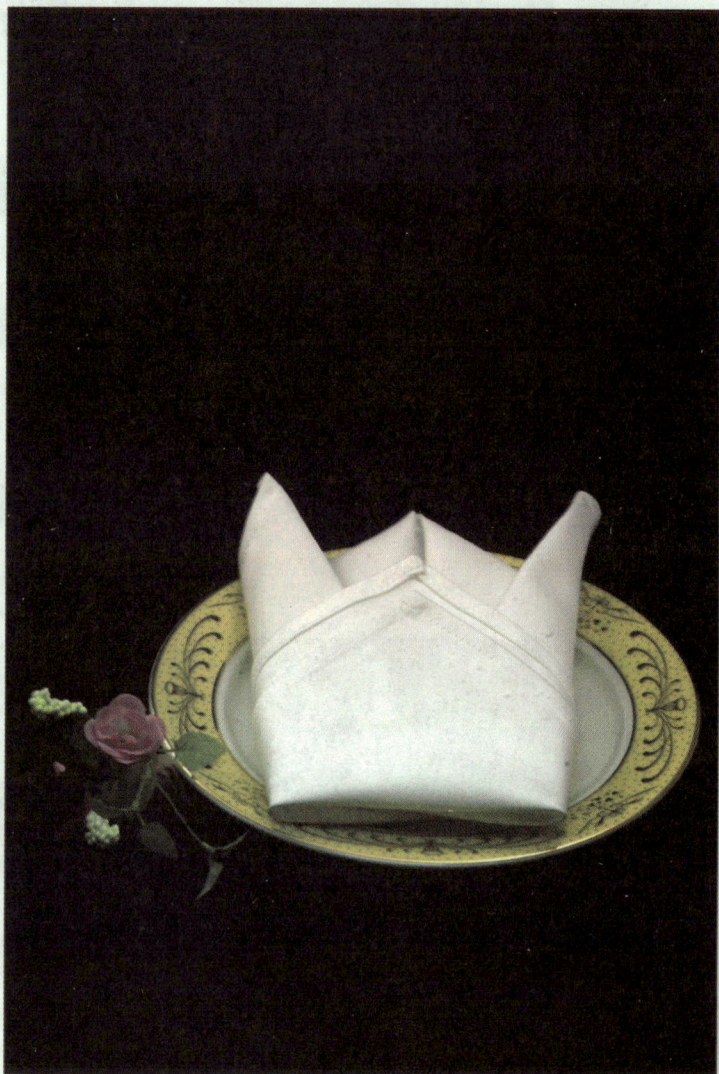

2. 路易皇冠

　　"路易皇冠"主要采用了折的技法。要求折叠平整,皇冠的两角倾斜度及大小要对称。此花对初学者来说是磨练基本功的有效方法之一。

　　此花型适用于多种场合:

　　其一,可放于大型西餐宴请,起到整齐划一的效果;

　　其二,可放于大型西餐宴请重要人士的席位前,寓意头衔高、身份尊贵;

　　其三,可放于西餐宴请小宾客的席位前,给孩子一种童话般的感觉。

1. 口布打开，反面向上。

2. 对折成三角形。

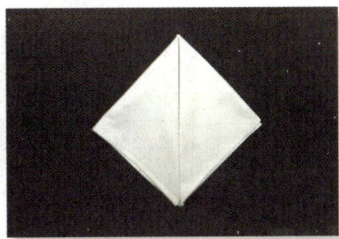

3. 将左右两侧的角折向顶角，成正方形。

4. 将左右两角再次翻折，注意角尖与下顶端错开，且两角对称。

5. 将顶角第一层折起，距离下顶端5厘米。

6. 将顶角第二层折起，距离第一层顶角1厘米。

7. 将一侧往后翻折约三分之一。

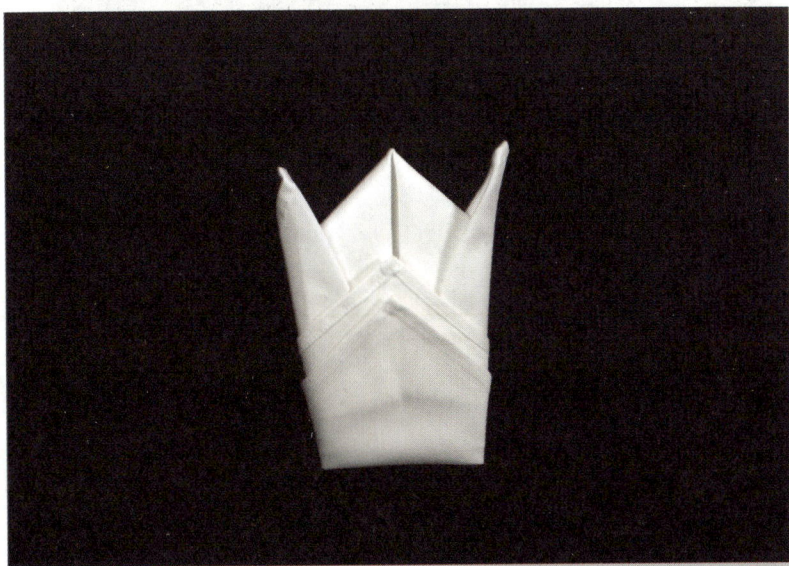

8. 同样操作另一侧，整理成型。

3. 小碟春卷

"小碟春卷"又称"食春"。它采用折、卷两种技法。首先折的技法要求上下对齐,上下大小一致;其次使用平卷的方法时,力求两边均等对称;再次毛边不外露;最后成型要求成正菱形。

以上各种要求体现春卷一卷成春的意义。

此花型适用场合和特点:

其一,可放于春节西餐宴请宾客席位前,有迎春喜庆之吉兆;

其二,可放于来自江南的宾客席位前;

其三,可用黄色餐巾折叠,起到以假乱真的效果。

1. 口布打开，反面向上。

2. 从下往上折约三分之一。

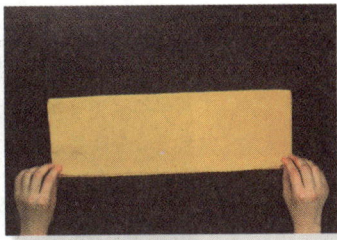

3. 将上部剩余三分之一口布向下翻折。

4. 将口布左右两角折至中心线。

5. 右侧向左翻折。

6. 平卷起多余部分。

7. 同样操作另一侧，整理成型。

4. 扇面送爽

"扇面送爽"又称"中国扇"。它采用推、折两种技法,其中推的技法要求平整、宽度一致、折痕清晰,两边的折叠成对称状,整体弧度自然、平滑,以达到美观的效果。此花对初学者来说是磨练基本功的有效方法之一。

此花型适用于多种场合:

其一,用于夏天宴请宾客,给人一种清爽袭人的感觉;

其二,可放于小宾客面前,给人一种快乐感;

其三,可用于诗歌文艺等晚会,起到呼应作用。

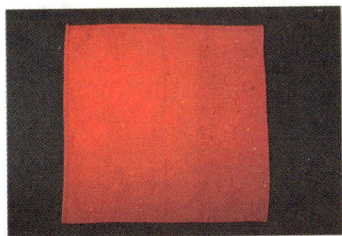

1. 口布打开，反面向上。

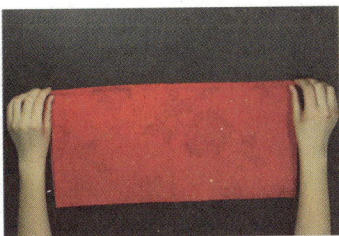

2. 上下对折，成长方形。

3. 旋转 90°后，从下往上推折。

4. 推至略过中心线位置。

5. 左右反向对折。

6. 将褶裥开口处的长方形口布向下折叠。

7. 折起多余部分做支架。

8. 将支架撑开，打开扇面。

9. 整理平整。

10. 正面观赏。

5. 星光灿烂

"星光灿烂"又称"海星"。它采用折、拉两种技法。其中折的技法要求平整、宽度一致、棱角清晰,展开左右均等,观赏面规范。星光灿烂与著名景点悉尼歌剧院外形相似,给人留下深刻的印象。

此花型适用于多种场合:

其一,用于西餐海鲜宴请重要的宾客席位前,显示其尊贵的身份;

其二,可放于高档的西餐宴请席上,起到整齐划一、独特别致的效果;

其三,可放于小宾客面前,给人一种新鲜感。

1. 口布打开，反面向上。

2. 将口布下边缘自下往上折至中心线。

3. 同样操作另一边。

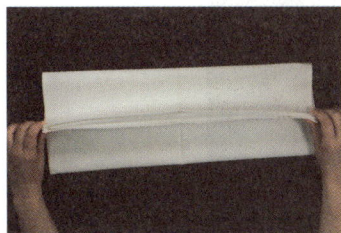

4. 沿中心线反向对折。

5. 整理成长方形。

6. 旋转90°后上下对折。

7. 将上层一折三（折尺形）。

8. 同样操作下层。

9. 手持口布下部，注意毛边向下。

10. 将上部第一层的口布向下拉折成直角。

11. 同样操作其他层。

12. 整理尖角，起定型作用。

13. 将口布打开。

14. 整理成型。

6. 法式面包

"法式面包"又称"法棍"。它采用折、卷两种技法。首先要求卷的技法松紧恰到好处,其次面包的花纹放于整体的中央,餐巾的交接处朝下。此花对初学者来说是磨练基本功的有效方法之一。

此花型适用场合和特点:

其一,可放于西餐早餐桌,与餐点相呼应;

其二,可放于大型西餐宴会,有整齐划一之感;

其三,若用土黄色口布折叠,将产生非常逼真的效果。

1. 口布打开,正面向上。

2. 上下对折,成长方形。

3. 左右对折,成正方形。

4. 将四层布的一角向着自己。

5. 将第一层往上平卷至中心。

6. 翻面后旋转90°,从下往上平卷。

7. 拉直使平整,整理成型。

7. 兔儿仙客

"兔儿仙客"因其貌似兔耳状帽子而得名,也有的地方称为"官帽"。它采用了折、翻两种技法。首先此花应选用标准尺寸与质地的餐巾,要求折叠时按一定比例尺寸进行,应注意两角的大小一致,最后成品完成应站立挺直。此花对初学者来说是磨练基本功的有效方法之一。

此花型适用于多种场合:

其一,用于因升迁而宴请宾客的场合,寓意着步步高升;

其二,用于各种年会宴请,寓意着宾客身体健康、仕途顺利;

其三,可放于大型中餐宴请,起到整齐划一的效果。

1. 口布打开，反面向上。

2. 对折成三角形。

3. 将左右两侧的角折向顶角，成正方形。

4. 将下底部向上折起约5厘米。

5. 再向下对折约2厘米。

6. 将口布翻面后，两侧各约三分之一向中间折起。

7. 将两角对插。

8. 整理成型。

8. 日式和服

"日式和服"采用了折、翻两种技法。首先翻领子的大小要根据衣服大小来决定,其次衣服应根据服装的要求来决定衣襟的方向。此花对初学者来说是磨练基本功的有效方法之一。

此花型适用于多种场合:

其一,可放于日本客人的宴请上;

其二,可放于小宾客的席位前,给人一种可爱感;

其三,可放于高档晚宴,寓意祝君好梦。

1. 口布打开，反面向上。

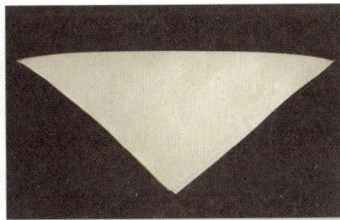

2. 对折成三角形。

3. 将底边向自己的方向折起约 2 厘米做衣领。

4. 将口布翻面后，一边角向另一侧折起。

5. 同样操作另一侧，注意领口宽约 3 厘米。

6. 将口布再次翻面，一侧向中间折，距离衣领约 1 厘米。

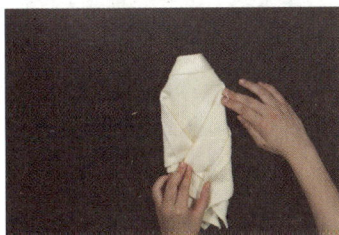

7. 同样操作另一侧，注意靠近衣领的部分略宽于下部。

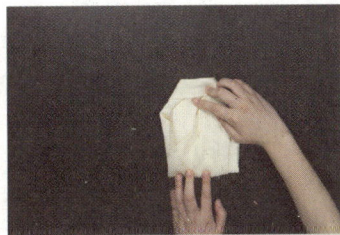

8. 将下部多余的口布向上折起，塞入衣领。

9. 翻面，整理成型。

9. 烛光晚餐

"烛光晚餐"又称"蜡烛"。它采用折、卷,翻三种技法。首先折的宽度应与蜡烛的整体相协调,其次卷的技法要求卷成螺旋状,达到松紧适宜的程度并且要求底部平整,最后翻时应根据此花的形状来决定翻出的大小,使其形态逼真。此花对初学者来说是磨练基本功的有效方法之一。

此花型适用于多种场合:

其一,此花有便于区分宾主席位的作用;

其二,可用于高龄老人的寿宴席位上;

其三,可用于烛光晚餐,与其主题相配。

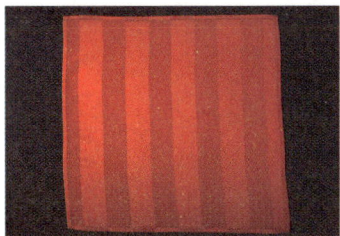

1. 口布打开，反面向上。

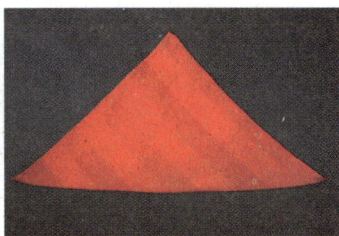

2. 对折成三角形，注意上片略大于下片。

3. 将底边向上折起约 2～3 厘米。

4. 将口布翻面后，从左往右（或从右往左）折至三分之一处。

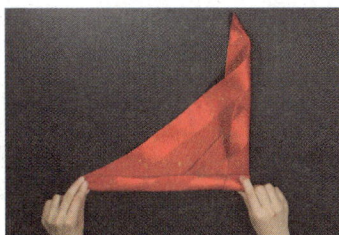

5. 旋转 90°后，同方向平卷。

6. 卷毕，将剩余口布整理后插入花型底边。

7. 翻出烛芯。

8. 整理成型。

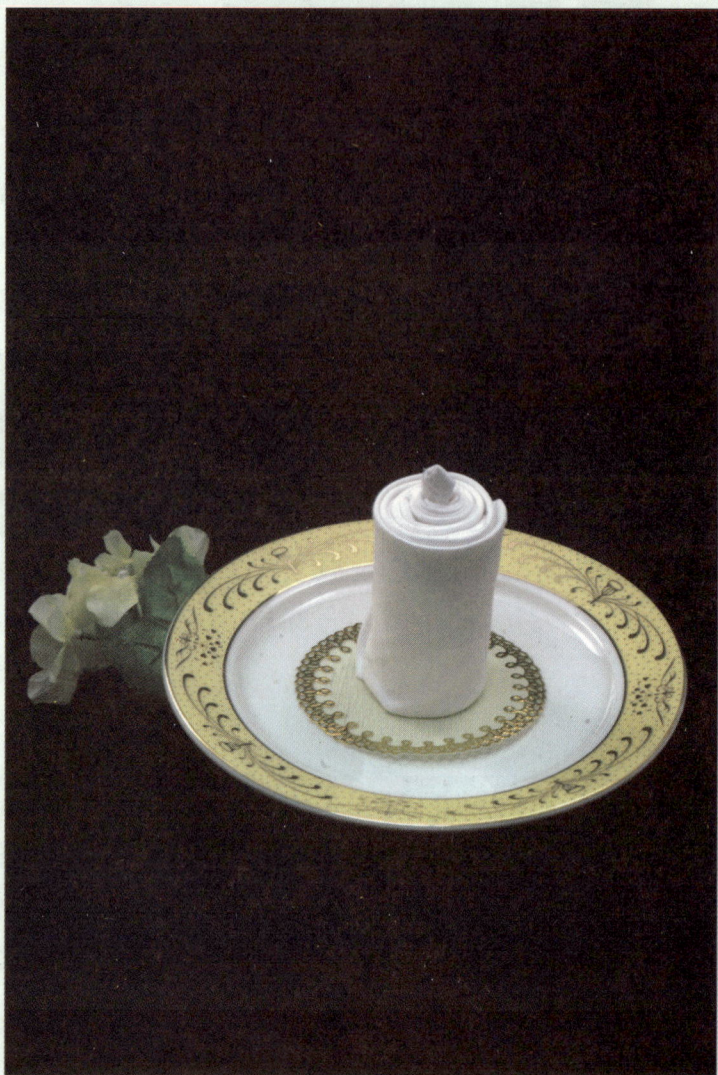

10. 温馨烛光

"温馨烛光"又称"小蜡烛"。它采用了折、卷两种技法。首先折叠时要求宽度一致,其次卷的技法要求紧实且底部平整,操作时最关键的是,卷完以后多余的部位应塞进底部,起到整体美观的作用。此作品对初学者来说是磨练基本功的有效方法之一。

此花型适用场合和特点:

其一,用于浪漫婚礼晚宴,寓意着爱情绚烂;

其二,可用红色口布折叠,起到逼真的效果;

其三,可用于阖家聚餐时,强调温馨主题。

1. 口布打开，反面向上。

2. 对折成三角形。

3. 将顶角折向底边中心点。

4. 自上往下对折。

5. 旋转90°，翻起一角，留出烛芯。

6. 自下往上平卷。

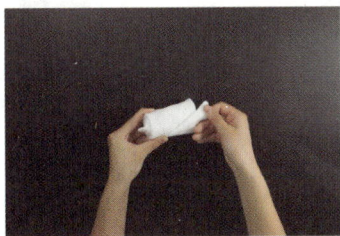

7. 将剩余尾部插入底部口布夹缝中。

8. 注意平整。

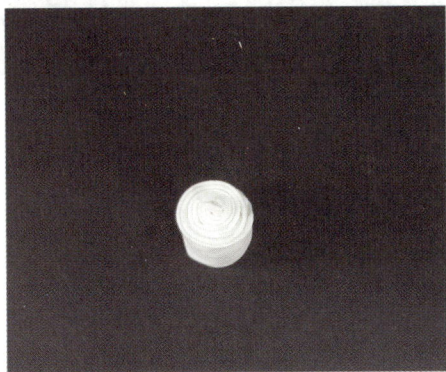

9. 整理成型。

11. 宝莲神灯

　　"宝莲神灯"又称"莲花"。它采用了折、翻两种技法。折叠此花应选用标准尺寸与质地的餐巾,折叠时按一定的角度来操作,翻时做到花叶大小、宽度相同,以达到美观的效果。此花对初学者来说是磨练基本功的有效方法之一。

　　此花型适用场合和特点:

　　其一,把此花中间的八个花瓣,往下翻压,可用于部分盛器底部,起到保温的作用;

　　其二,适用于春节家庭聚餐;

　　其三,用粉色餐巾折叠,可起到逼真效果。

1. 口布打开，反面向上。

2. 四角向中心点折叠。

3. 重复此过程。

4. 再次重复此过程。

5. 将口布翻面，第四次完成
   此过程。

6. 第五次完成此过程。

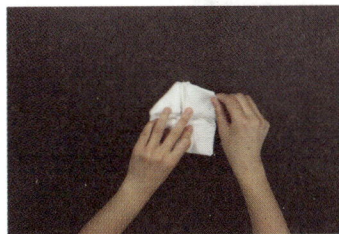

7. 一手用四指压住中心四
   个角，另一手将底部第一
   层向上翻。

8. 用同样的方法将底部第
   二层向上翻。

9. 用同样的方法将底部第
   三层向上翻。

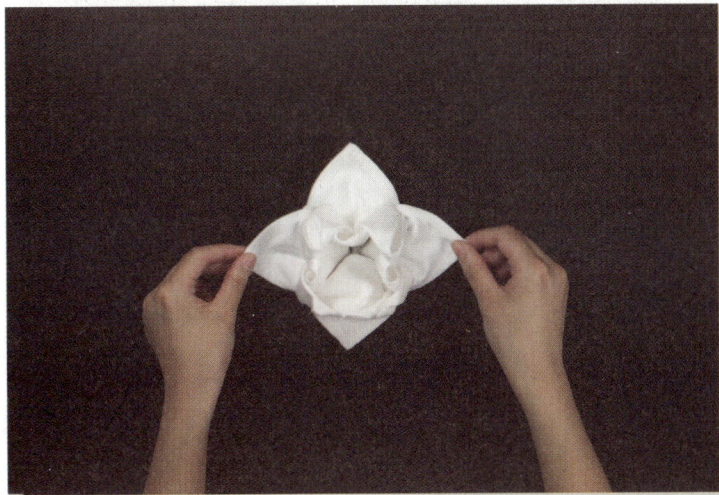

10. 整理成型。

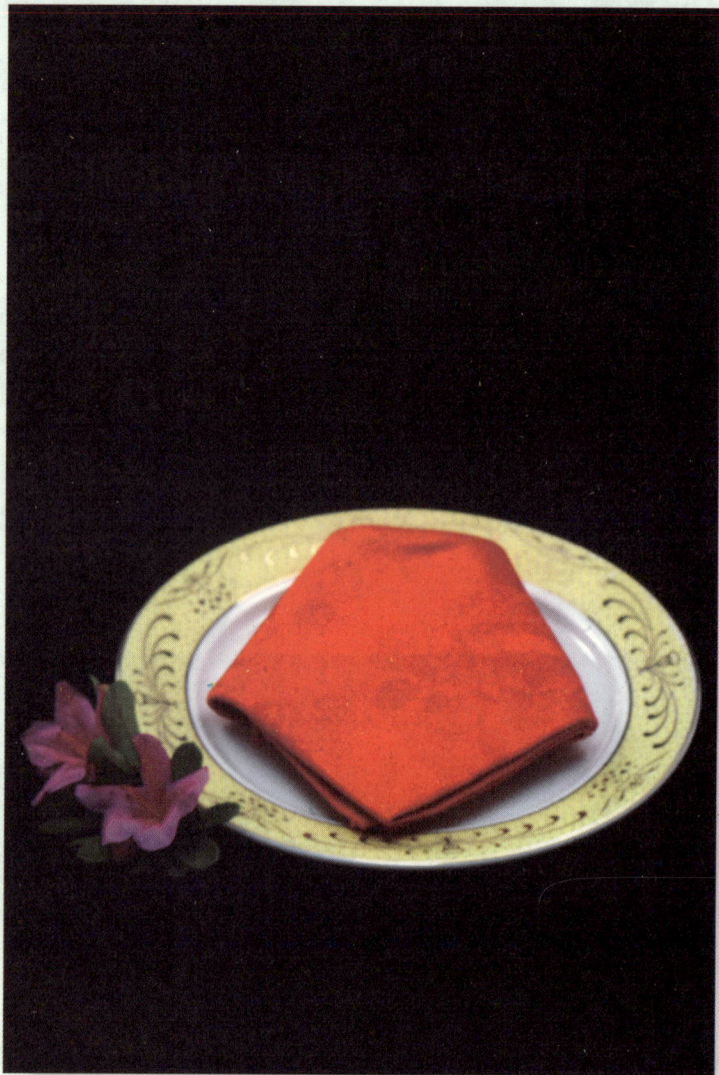

12. 正装领带

　　"正装领带"主要采用了单一的折法进行折叠。折叠时应注意整体的形状和领带的大小宽度,在折叠过程中应注意此花的正反面及观赏度,使此花达到形态逼真的效果。此花对初学者来说是磨练基本功的有效方法之一。

　　此花型适用场合和特点:

　　其一,放于西餐晚宴男士席位,给人一种绅士感;

　　其二,用于西餐的早餐,便于折叠;

　　其三,可用各种材质的餐巾折叠,起到逼真效果。

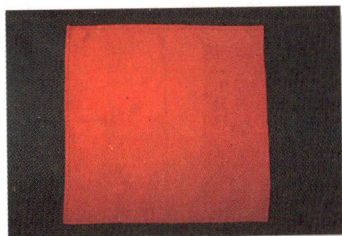

1. 口布打开，反面向上。

2. 上下对折，成长方形。

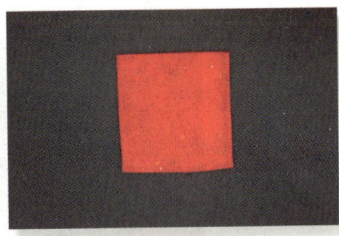

3. 左右对折，成正方形。

4. 将四层布的一角向着自己，向上对折，注意距离顶端约1厘米。

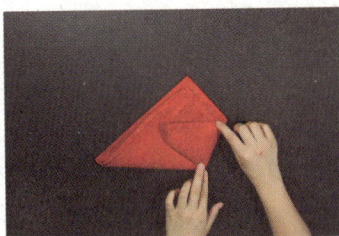

5. 将一边角向中心折起，注意折起部分的上边缘与口布底边平行。

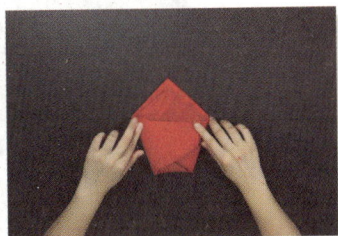

6. 同样操作另一侧。

7. 将口布翻面，整理成型。

13. 节节高升

"节节高升"又称"冬笋"。它采用了折、翻两种技法。其中翻的技法要求间距均匀，层次分明，而折、翻后的反面插入适宜是整个花型挺拔的关键。

此花型适用场合和特点：

其一，冬笋是冬季的食材，能与菜品相配；

其二，冬笋的形状较胖，提示人们应注意膳食平衡；

其三，此花是盆花，而且有立体感，可放于西餐桌的正副席位；

其四，此花对职场人士来说，有不断攀登高峰的寓意；

其五，此花如用土黄色餐巾折叠能起到以假乱真的效果。

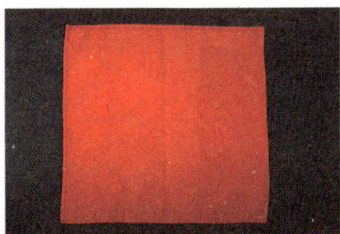

1. 口布打开,反面向上。

2. 上下对折,成长方形。

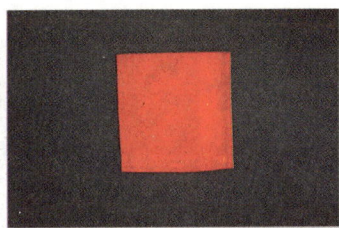

3. 左右对折,成正方形。

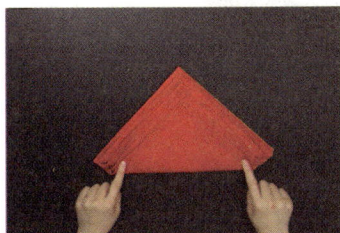

4. 将四层布的一角向着自己,逐层向上折,注意留出间距。

5. 将口布翻面后,两侧各约三分之一向中间折起。

6. 将两角对插。

7. 将四角逐层向下翻,成笋壳状。

8. 整理成型。

14. 恭喜发财

"恭喜发财"又称"小元宝"。它采用单一的折法进行折叠。折叠时应注意整体的形状和大小宽度,在折叠过程中应注意此花的正反面及观赏度,使此花达到形态逼真的效果。此花对初学者来说是磨练基本功的有效方法之一。

此花型适用于多种场合:

其一,适用于各种大型宴请,起到整齐划一的效果;

其二,适用于西餐早餐台,便于折叠;

其三,可适用于各种年会,寓意着恭喜发财。

1. 口布打开，反面向上。

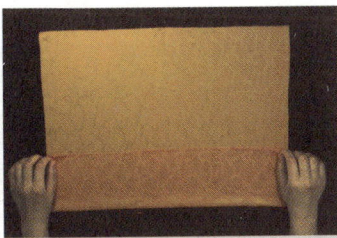

2. 将口布下边缘自下往上折至中心线。

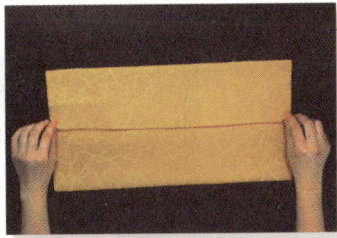

3. 同样操作另一边。

4. 上下对折。

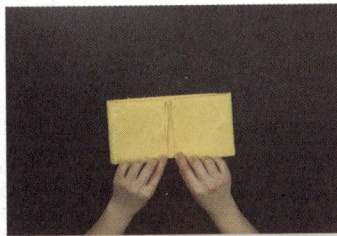

5. 旋转180°后，两侧向中间对折。

6. 将左下角与右下角折向上边缘的中心点。

7. 捏起此花型，两角向后对插。

8. 整理成型。

15. 玉兰飘香

"玉兰飘香"又称"白玉兰"。它采用了折、翻、攥三种技法。首先此花应选用标准尺寸与质地的餐巾来折叠,折叠时做到花瓣大小、宽度均等,其次翻时应注意和整个花型成适当比例,最后包裹应紧实、不松散,起到逼真的效果。此花对初学者来说是磨练基本功的有效方法之一。

此花型适用场合和特点:

其一,白玉兰是上海市花,可放于国内外宾客席位前,有欢迎来宾之意;

其二,可用白色餐巾折叠,给人一种清新感;

其三,此花是高位花,以便于区分宾主席位。

1. 口布打开，正面向上。

2. 上下对折，成长方形，注意开口向外侧。

3. 将右下角（或左下角）折至外边缘中心点。

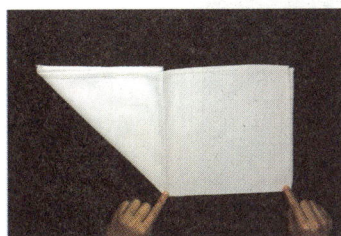

4. 将口布翻面。

5. 同样操作另一角，成三角形。

6. 一手持三角形顶端，另一手提起三角形最长边的上面一层，注意捏住中心点。轻提后放下，如图成正方形，并将开口处向外。

7. 将左右两角向中心线对折。

8. 将底角向上折两层，正好形成一个等腰三角形。

9. 将口布翻面。

10. 两侧各约三分之一向中间折起，将两角对插。

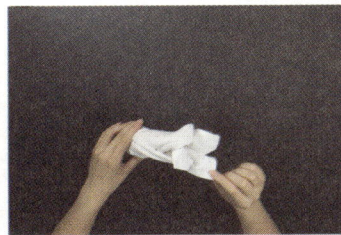

11. 翻出花瓣。

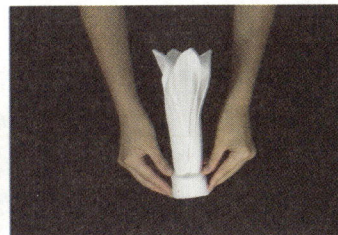

12. 整理成型。

16. 一帆风顺

"一帆风顺"采用了折、拉两种技法。首先此花应选用标准尺寸与质地的餐巾来折叠,折叠时应间距均等、左右对称,其次拉的技法要求高度适宜,层次分明,以起到美观的效果。此花对初学者来说是磨练基本功的有效方法之一。

此花型适用于多种场合:

其一,可放于饯行宴,寓意着一帆风顺;

其二,放于各种大型宴请,起到整齐划一的效果;

其三,适用于游轮西餐聚会,与场景相配。

1. 口布打开，反面向上。

2. 上下对折，成长方形。

3. 左右对折，成正方形。

4. 将四层布的一角向着自己，上面的三层逐层向上折，注意留出间距。

5. 将一侧向中心线对折。

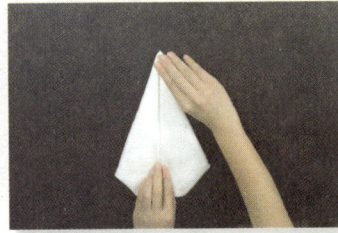

6. 同样操作另一侧。

7. 将多余部分向后翻折。

8. 反向对折（左右）。

9. 一手捏住底部，另一手将四片口布拉出做风帆。

10. 整理成型。

17. 企鹅迎宾

"企鹅迎宾"又称"企鹅"。它采用折、捏两种技法。首先此花应选用标准尺寸与质地的餐巾来折叠,折叠要求大小合适、左右对称,其次企鹅的颈部要求平整、挺拔,再次此花的底部要求分开对称、大小一致。以上各种要求体现出企鹅可爱、长寿的象征。此花对初学者来说是磨练基本功的有效方法之一。

此花型适用场合和特点:

其一,可放于西餐宴席长者席位前,寓意长辈长寿;

其二,可放于小宾客席位前,给人一种可爱感;

其三,此花有便于区分宾主席位的作用。

1. 口布打开，反面向上。

2. 对折成三角形。

3. 旋转180°后，将左右两侧的角折向顶角，成正方形。

4. 按同样方向再两边向中间对折。

5. 将口布翻面。

6. 将尾端多余部分向上翻折。

7. 将口布翻面。

8. 左右对折。

9. 捏出鸟头。

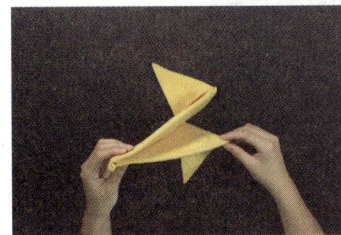

10. 将花型竖起，尾部支架撑开。

11. 整理成型。

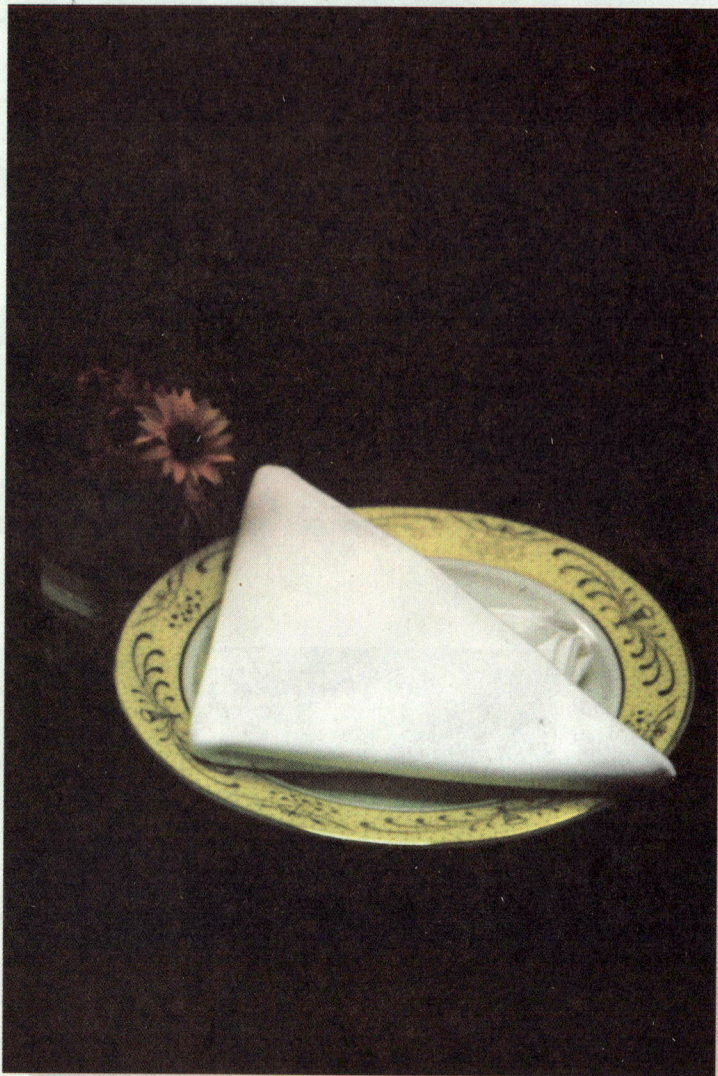

18. 碧波小鱼

"碧波小鱼"又称"热带鱼"。它采用单一的折法。折叠时应注意整体的形状和大小宽度,在折叠过程中应注意此花的正反面及观赏度,使此花达到形态逼真的效果。此花对初学者来说是磨练基本功的有效方法之一。

此花型适用于多种场合:

其一,放于大型宴请,起到整齐划一的效果;

其二,适用于西餐早餐,便于折叠;

其三,可用于海鲜中餐晚宴,与其呼应。

1. 口布打开，反面向上。

2. 上下对折，成长方形。

3. 左右对折，成正方形。

4. 再对折成小长方形，开口向外侧。

5. 将右外侧一角打开，拉成三角形。

6. 将三角形上层向右侧对折。

7. 同样操作右侧。

8. 将左边上层向内对折至中心线。

9. 同样操作右侧。

10. 将口布翻面，整理成型。

19. 济公仙帽

"济公仙帽"又称"僧帽"。它采用单一的折法。首先此花应选用标准尺寸与质地的餐巾来折叠,折叠时应注意整体的形状和僧帽的大小宽度,在折叠过程中应注意此花的正反面及观赏度。此花对初学者来说是磨练基本功的有效方法之一。

此花型适用场合和特点:

其一,可放于信仰佛教人士席位前;

其二,放于大型宴请,起到整齐划一的效果;

其三,若用金黄色餐巾折叠,会给人一种真实感。

1. 口布打开,反面向上。

2. 上下对折,成长方形。注意开口向外侧。

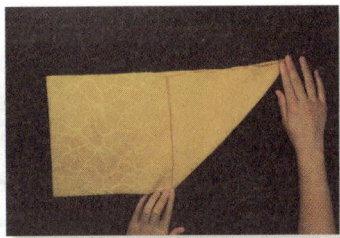

3. 将右下角折向上边缘中心点。

4. 将左上角折向下边缘中心点。

5. 将口布翻面后,旋转至长边平行于桌边,然后上下对折,并翻出隐藏的尖角,使两角向外侧。

6. 将最左侧向内折起约三分之一。

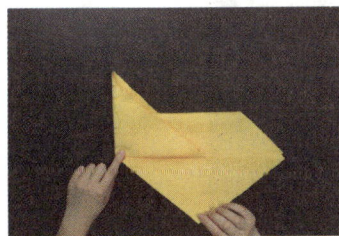

7. 将折角藏到右侧的三角形下方。

8. 将口布翻面。

9. 仍将最左侧向内折起约三分之一。

10. 将折角藏到右边口布下。

11. 整理成型。

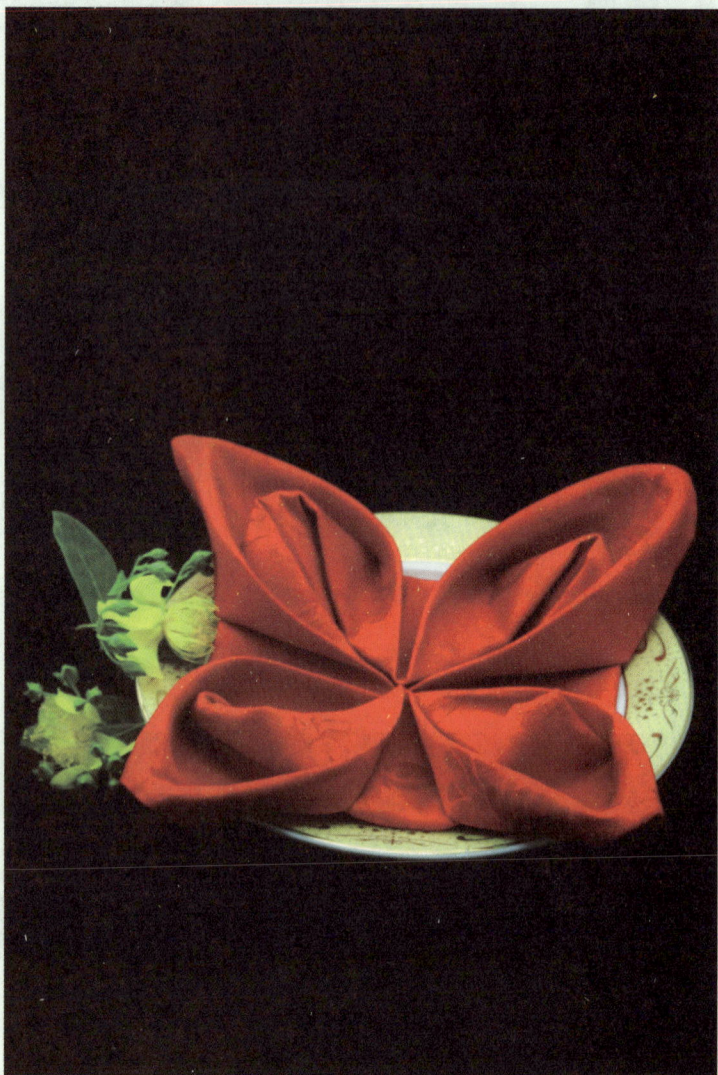

20. 花绽天云

"花绽天云"又称"天云花"。它采用折、翻两种技法。首先此花应选用标准尺寸与质地的餐巾来折叠，要求折叠时按一定比例尺寸进行，其次翻时做到花朵大小、宽度相同，以达到美观的效果。此花对初学者来说是磨练基本功的有效方法之一。

此花型适用场合和特点：

其一，适用于西餐宴请，起到整齐划一的效果；

其二，此花可用于部分盛器底部，起到保温的作用；

其三，若选用白色餐巾折叠，能和花名相协调。

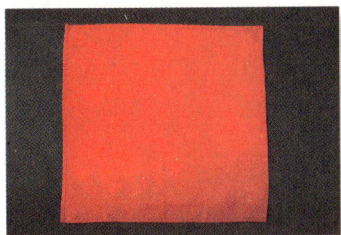

1. 口布打开，反面向上。

2. 四角向中心点折叠。

3. 重复此过程。

4. 将口布翻面。

5. 第三次完成此过程。

6. 一手用四指压住中心四个角，另一手将底部四角拉开。

7. 整理成型。

模块三：拓展杯花

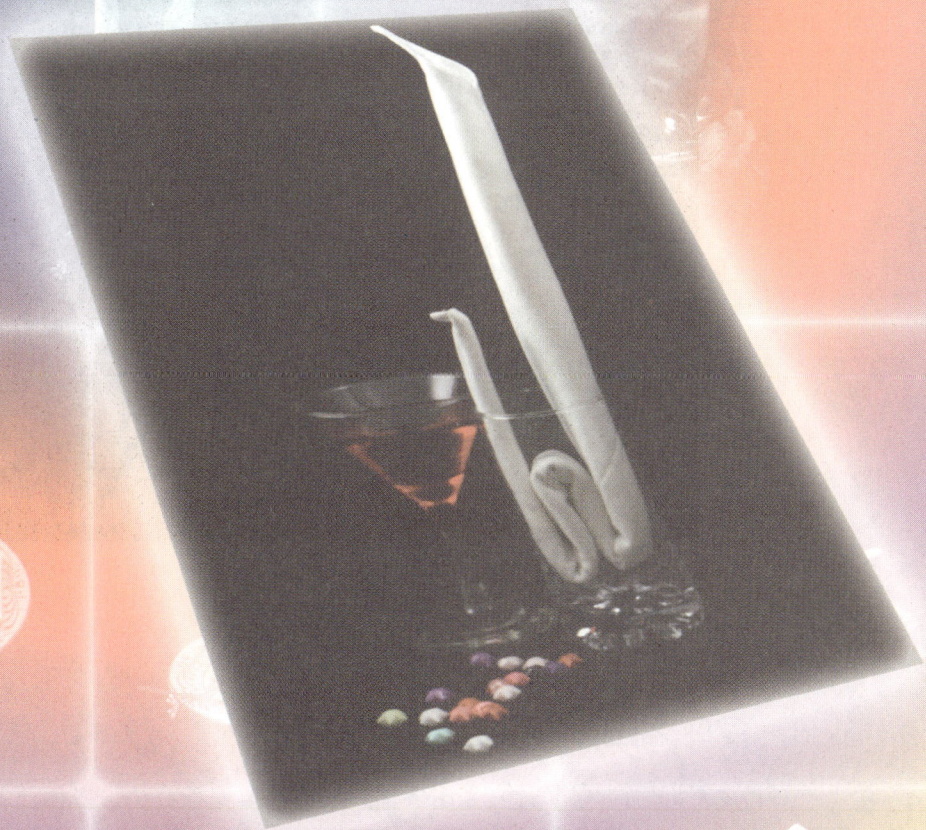

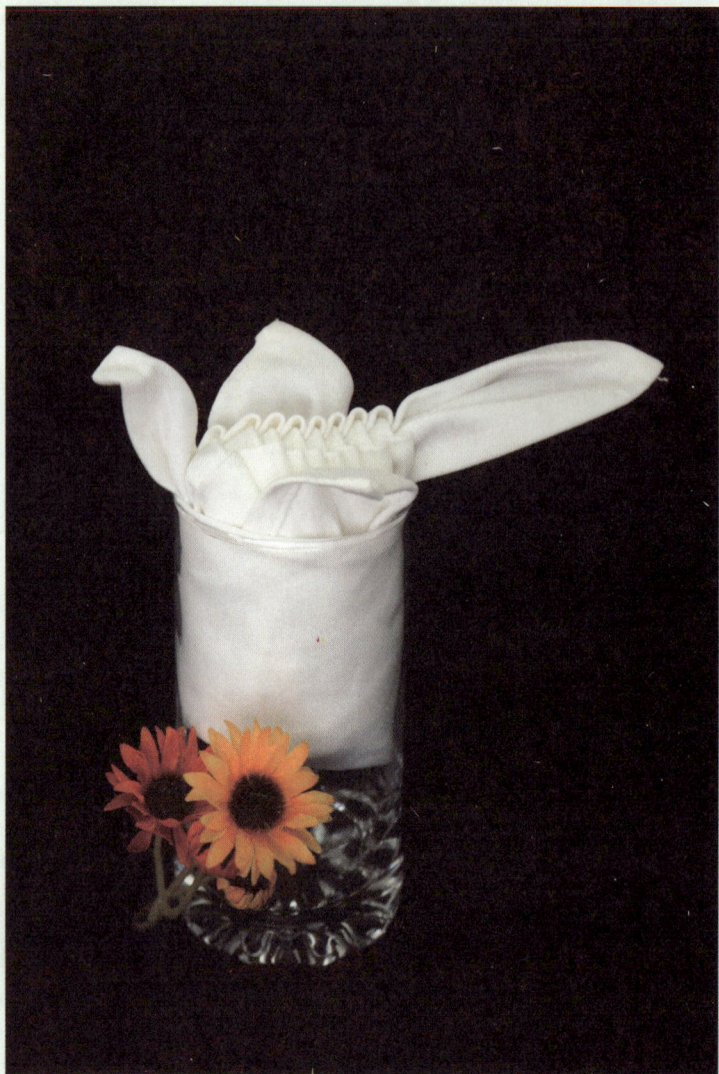

1. 百鸟之王

"百鸟之王"又称"凤凰"。它采用折、推、拉、捏、攥五种技法。操作此花型的关键在于推折,要求大小一致、间距均等、层次分明,使鸟身褶皱整齐、精致,另一个关键是颈部与翅膀的长度比例得当,只有这样才能突显出鸟类花型的真实感。

此花型适用于多种场合:

其一,如有属鸡的宾客,可在相应席位上摆放此花;

其二,可与果蔬雕刻的动物类花式冷盘相呼应;

其三,可与其他动物类花型同放,体现百鸟争鸣的寓意。

1. 口布打开，正面向上。

2. 旋转45°，将下部沿对角线一折三（折尺形），最上层略大于下面两层（如图所示）。

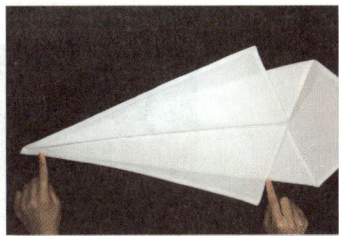

3. 同样操作口布的上部，注意对称。

4. 将较小的一头向着自己，留出2厘米，向外侧推折。

5. 旋转90°后，将口布褶裥向较小的一头压倒。

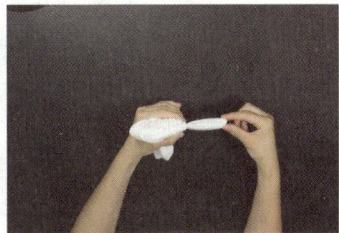

6. 将口布向下对折，形成鸟身与尾部。

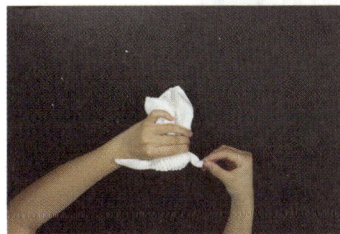

7. 一手攥紧鸟身，一手捏出鸟头。

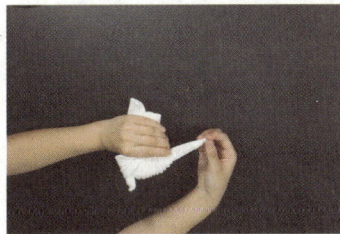

8. 拉直尾部。

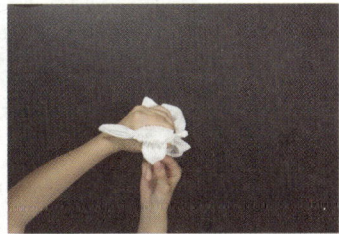

9. 拉出鸟身一侧的一角做成翅膀。

10. 同样操作另一侧，并整理多余口布。

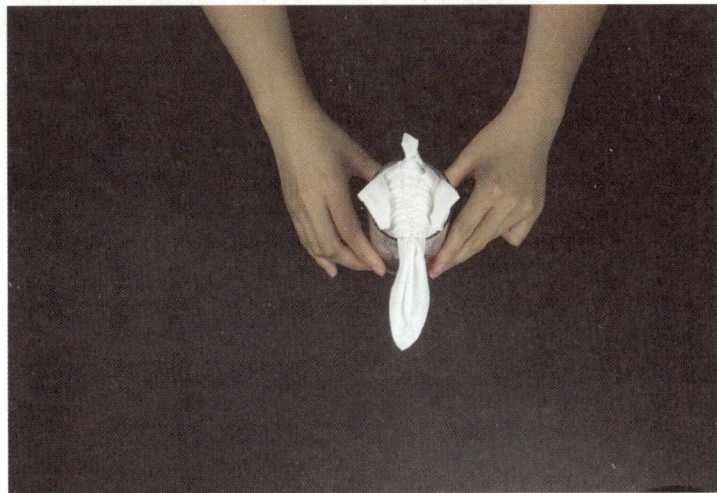

11. 插入杯中，整理成型。

2. 乳燕归巢

　　"乳燕归巢"又称"蓬鸟"。它采用折、推、拉、翻、攥、捏六种技法。推折与斗篷的大小极其相关,鸟头的大小、颈部的长短和翼部的对称是本鸟的关键所在,使此花与众不同。

　　此花型适用于多种场合:

　　其一,可用于满月酒的宴席,摆放此花与宴请的性质相配;

　　其二,此花与满月酒的照片同放,可留下纪念性的回忆;

　　其三,此花可与花港观鱼等动物类的花型摆放,给人一种活泼可爱的感觉。

1. 口布打开，反面向上。

2. 上下对折，成长方形，注意开口向外。

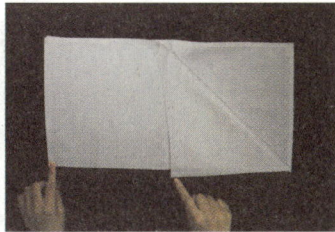

3. 将外侧一角的上层口布向底边中点翻折。

4. 左右对折，成正方形。

5. 将所隐藏的角旋转至右手侧，从中心向两边推折。

6. 一手攥紧褶裥中部，另一手拉出隐藏的尖角。

7. 一手同时攥紧尖角和口布下部，另一手将上部口布撑开，形成篷状尾部。

8. 拉起一侧的角做翅膀。

9. 同样操作另一侧。

10. 制作鸟头。

11. 用剩余口布将底部包裹平整。

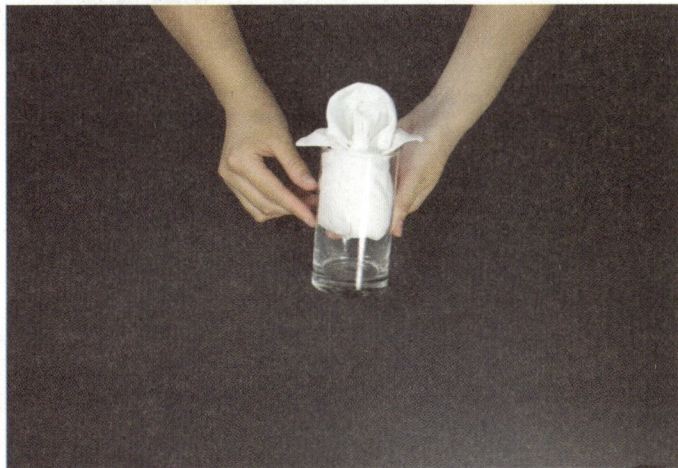

12. 插入杯中，整理成型。

3. 大漠鸵鸟

"大漠鸵鸟"采用折、推、捏、攥四种技法。要求鸟头昂首、大小适中,翼部均匀对称,鸟身弧形自然,以达到美观的效果。以上的各种要求体现大漠鸵鸟迅速灵敏的特点。

此花型适用于多种场合:

其一,可用于公司宴会,放于年轻有为的职场人士席位;

其二,可与果蔬雕刻的动物类花式冷盘相呼应;

其三,可与其他动物类花型同放,体现百鸟争鸣的寓意。

1. 口布打开，反面向上。

2. 上下对折，成长方形。

3. 右手捏口布底边右起四分之一处，左手捏底边中点，向外推折。

4. 推折完毕。

5. 将推折部分向下对折。

6. 一手捏住对折后的部位，形成鸟身。

7. 选择较大两片口布的其中一角，做成鸟尾。

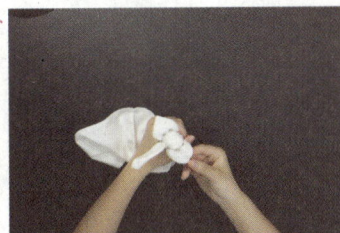

8. 较小的两片口布做成翅膀。

9. 最后一片口布做成鸟头。

10. 一手攥紧底部，另一手用剩余口布包裹底部。

12. 插入杯中，整理成型。

11. 包裹平整。

4. 白鸽飞翔

"白鸽飞翔"又称"和平鸽"。它采用折、推、拉、捏、攥五种技法。其中拉的技法要求层次分明,拉出的鸟尾成弧形,以达到美观的效果。以上的各种要求体现了和平鸽在空中自由翱翔的形态。

此花型适用于多种场合:

其一,放于宴请国外的旅游团队的餐桌上,象征世界的和平友谊;

其二,可与果蔬雕刻的动物类花式冷盘相呼应;

其三,可与其他动物类花型同放,体现百鸟争鸣的寓意。

1. 口布打开，反面向上。

2. 上下对折，成长方形，注意开口向外。

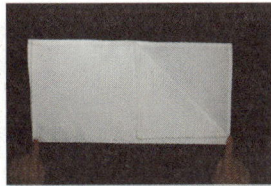

3. 将外侧一角的上层口布向底边翻折，距底边约2厘米。

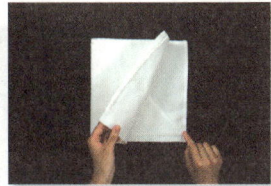

4. 左右对折，成正方形。

5. 将口布逆时针旋转约135°。

6. 从中间开始向两侧推折。

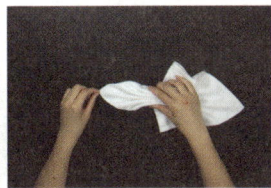

7. 推折完毕后拉直。

8. 一手攥紧褶裥，另一手将较小一头向下对折，形成鸟身。

9. 攥紧褶裥的一手，同时捏住鸟身部分，另一手从鸟身中拉出之前隐藏的一角。

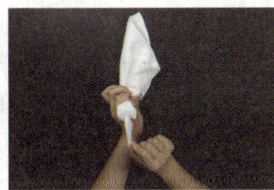

10. 将此角拉直、略微后仰，形成鸟尾部。

11. 将一侧的角拉出做成翅膀。

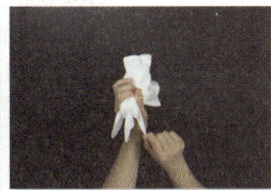

12. 同样操作另一侧。

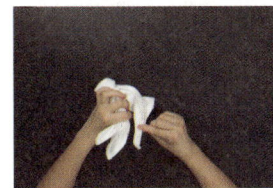

13. 将剩余一角口布做成鸟头。

14. 整理鸟头、翅膀和尾部的形态。

15. 将剩余口布包裹平整。

16. 插入杯中，整理成型。

5. 和平天使

"和平天使"因其整体造型貌似鸽子而得名,也称"扇形鸟"。它采用了折、推、攥、拉、捏五种技法。鸟身推折平整,拉出的鸟尾微微上翘,拉的力度及幅度应恰到好处,要求鸟头昂首、大小适中,以达到美观的效果。

此花型适用场合和注意点:

其一,此花在摆放餐桌时需有适当的倾斜度,应避免遮盖其他餐具;

其二,可与果蔬雕刻的动物类花式冷盘相呼应;

其三,可与其他动物类花型同放,体现百鸟争鸣的寓意。

1. 口布打开，反面向上。

2. 上下对折，成长方形。

3. 左右对折，成正方形。

4. 将四层布的一角向着自己，翻起前两层向上对折约8厘米。

5. 将口布翻面，同样操作另两层。

6. 旋转90°后，从三角形的中间向两边推折。

7. 推折完毕。

8. 一手捏紧裙裥顶部，另一手抽出一侧的两层口布，形成尾部。

9. 将另一侧两层口布中的上层做成鸟头。

10. 用剩余口布将底部包裹平整。

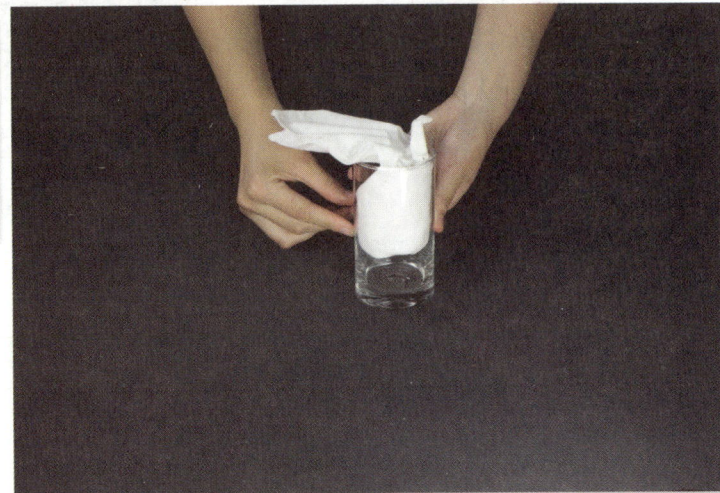

11. 插入杯中，整理成型。

6. 喜鹊报春

　　"喜鹊报春"又称"松尾鸟"。它采用了折、推、拉、捏、翻、攥六种技法。鸟身推折应平整，翼部拉出时，应注意两边对称、大小一致，翻出的尾巴高耸挺拔，以达到美观的效果。以上各种要求体现出松尾鸟活力的形态。

　　此花型适用于多种场合：

　　其一，用于春节宴请宾客的场合，寓意着春天将至；

　　其二，可与果蔬雕刻的动物类花式冷盘相呼应；

　　其三，可与其他动物类花型同放，体现百鸟争鸣的寓意。

1. 口布打开，正面向上。

2. 上下对折，成长方形，注意开口向外侧。

3. 将左下角（或右下角）折至外边缘中心点。

4. 将口布翻面。

5. 同样操作另一角，成三角形。

6. 一手持三角形顶端，另一手提起三角形最长边的上面一层，注意捏住中心点。轻提后放下，如图成正方形，并将开口处向外。

7. 将最上面一角向下翻折约5～6厘米。

8. 旋转90°后，从中间向两边推折。

9. 推折完毕，一手捏紧褶裥中部，另一手整理。

10. 一手攥紧底部，另一手翻起已推折的尖角向上拉出，做成翅膀。

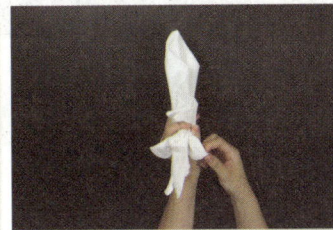

11. 同样操作另一侧的尖角。

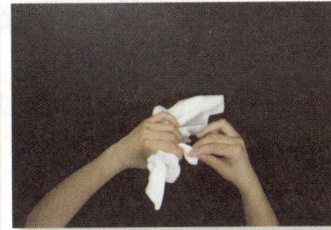

12. 将竖直向上的其中一只角做成鸟头。

13. 翻起尾部，成松鼠尾状。插入杯中，整理成型。

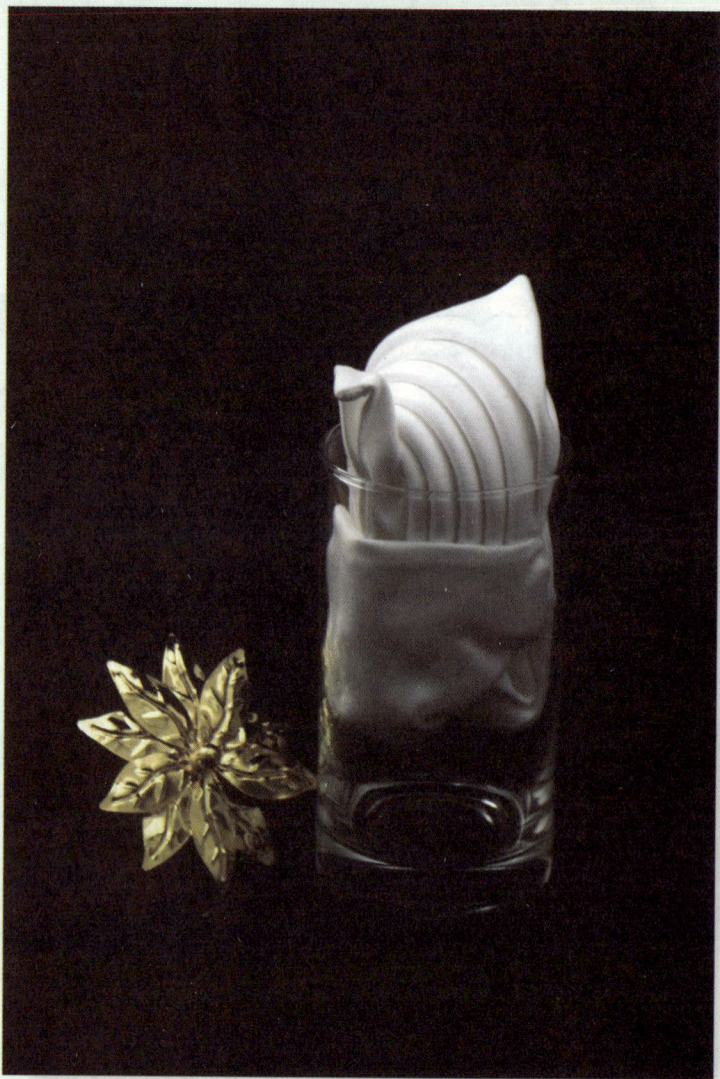

7. 喜鹊临门

　　"喜鹊临门"又称"喜迎鸟"。它采用折、推、捏、攥四种技法。要求鸟身推折平整,拉出鸟头时应注意大小适宜,尾部根据鸟身的倾斜度而微微翘起,以达到美观的效果。以上各种要求体现出喜迎鸟报喜的象征。

　　此花型适用于多种场合:

　　其一,因喜事而宴请宾客的场合,寓意着喜事临门;

　　其二,可与果蔬雕刻的动物类花式冷盘相呼应;

　　其三,可与其他动物类花型同放,体现百鸟争鸣的寓意。

1. 口布打开,反面向上。

2. 上下对折,成长方形。

3. 左右对折,成正方形。

4. 将四层布的一角向着己侧,从靠近自己的一侧向外推折,形成尾部。

5. 整理平整,注意双手不放松。

6. 左右对折。

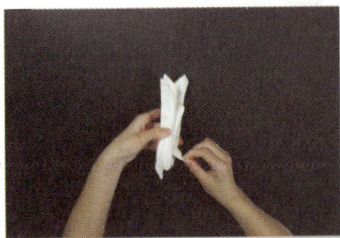

7. 一手攥紧下部,另一手将中间四层的最上层略微拉出做成鸟头。

9. 用剩余口布将底部包裹平整。插入杯中,整理成型。

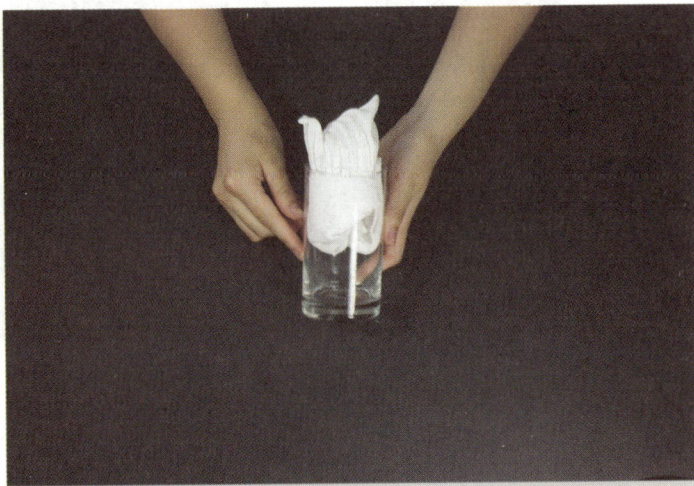

8. 将尾部阶梯状推开,尾尖上翘,使灵动。

8. 桃林仙鸟

"桃林仙鸟"又称"仙桃鸟"。它采用折、推、拉、提、攥五种技法。其中鸟身用斜推的方法折成圆弧形的桃子形状,鸟尾也选用斜推技法,但应推成半圆弧形,采用了以上特殊技法使此鸟形态更逼真。

此花型适用于多种场合:

其一,用于老人寿宴,一般老人做寿时都喜欢放上寿桃,是寿比南山的意思;

其二,于鲍翅参的宴请时摆放,高档的宴请餐桌应与菜肴相配,所以铺设应精细美观;

其三,此鸟放于禽类产品的展台上能起到点缀桌面的作用。

1. 口布打开，反面向上。

2. 对折成大三角形。

3. 如图所示将上层向底边折尺形翻折。

4. 将口布翻面后，同样操作另一层。

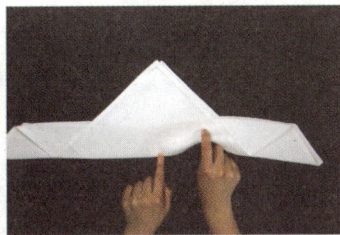

5. 左手按住底边中点，右手捏住右三分之一处，开始斜推。

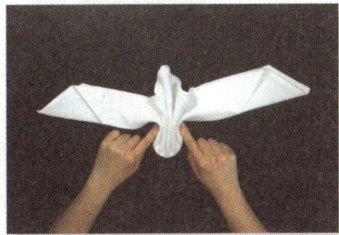

6. 斜推完毕。

7. 单手固定褶裥，另一手将较长的一侧做成尾部。

8. 将两侧的两片口布做成翅膀。

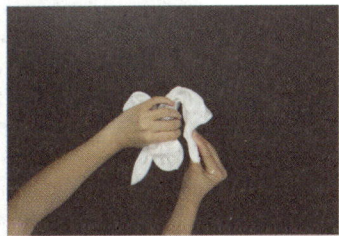

9. 将较短的一侧做成鸟头。

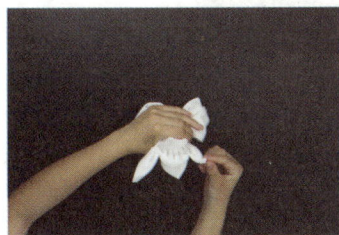

10. 一手攥紧底部，另一手用剩余口布将底部包裹平整。

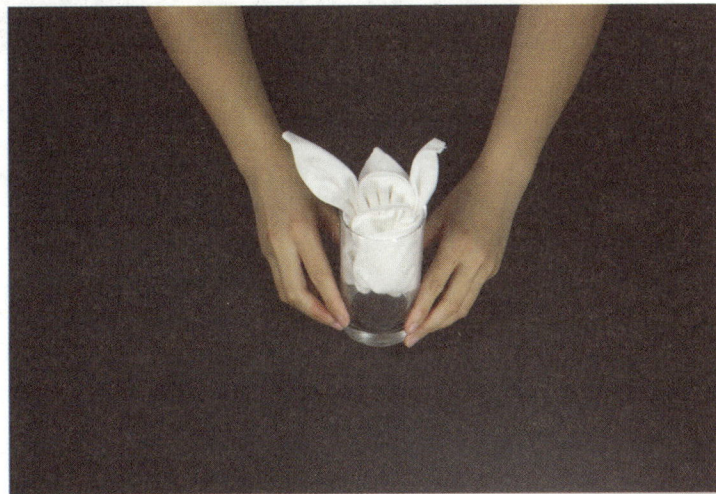

11. 插入杯中，整理成型。

9. 鸟飞比翼

"鸟飞比翼"又称"双飞鸟"。它采用折、推、拉、捏、攥五种技法。要求鸟身推折平整,拉出的两个鸟头应对称且大小一致,包裹紧实、整齐,以达到美观的效果。以上各种要求体现出双飞鸟双宿双栖的形象。

此花型适用于多种场合:

其一,此花适用于宴请席上成双成对的夫妇们;

其二,此花适用于即将步入婚姻殿堂的青年男女们;

其三,此花可与果蔬雕刻的动物类花式冷盘相呼应。

1. 口布打开，正面向上。

2. 将外侧一角向内折尺形翻折，重叠部分约为1厘米。

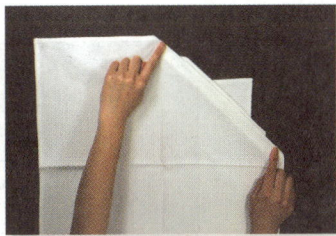

3. 重复此过程，注意两层间距约为0.5厘米。

4. 同样操作外侧另一角。

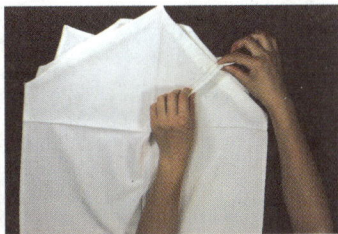

5. 捏住其中一侧的对角线。

6. 由对角线向两边各推折两次。

7. 同样操作另一侧，注意推折另一侧同时要固定前一步完成的部分。

8. 将两部分合拢，注意对称。

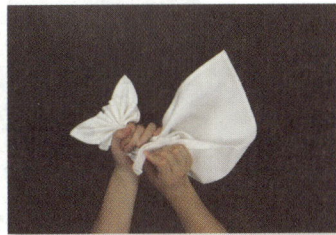

9. 将底部一角拉起做成鸟头。

10. 同样操作另一个鸟头。

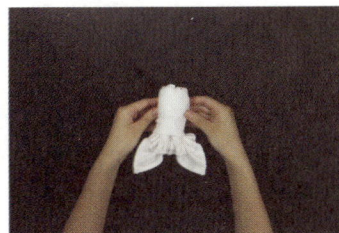

11. 用剩余口布将底部包裹平整。

12. 插入杯中，整理成型。

10. 相思绵绵

"相思绵绵"又称"相思鸟"。它采用折、推、拉、捏、攥五种技法。其中推法要求推折平整,拉出的两个鸟头高低一致,大小相等,包裹时应紧实、整齐且注意观赏面的美观。以上各种要求体现出相思鸟长相思念的效果。

此花型适用于多种场合:

其一,可用于各种聚餐宴请,寓意着长久思念的感觉;

其二,可与果蔬雕刻的动物类花式冷盘相呼应;

其三,可与其他动物类花型同放,体现百鸟争鸣的寓意。

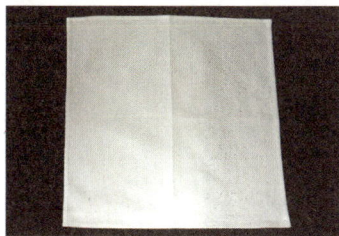

1. 口布打开，正面向上。

2. 上下对折，成长方形。

3. 左右对折，成正方形。

4. 将四层布的一角向着自己，翻起第一层至顶点。

5. 将口布翻面后，同样翻起第一层。

6. 旋转90°后，从中间向两边推折。

7. 推着完毕，一手捏住褶裥，一手整理。

8. 一手攥紧花型，注意两个单片的口布向上。另一手将下部两侧的口布做成鸟头。

9. 注意两个鸟头方向相反，高低相同。

10. 略微分开尾部。

11. 用剩余口布将底部包裹平整。插入杯中，整理成型。

11. 孔雀寻春

    "孔雀寻春"又称"妙灵鸟"。它采用折、推、穿、捏、攥五种技法。其中翻折要求间距均等并且有层次感,推折平整,鸟身褶皱均匀、紧密,其次鸟头的大小和颈部的长短是本鸟的关键所在。以上各种要求体现出妙灵鸟充满活力的独特形态。

    此花型适用于各种场合:

    其一,摆于各种宴请席上的妙龄女子席位;

    其二,此花可与果蔬雕刻的动物类花式冷盘相呼应;

    其三,可与其他动物类花型同放,体现百鸟争鸣的寓意。

1. 口布打开，正面向上。

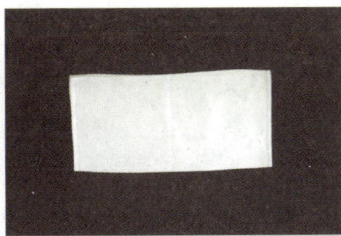

2. 上下对折，成长方形。

3. 左右对折，成正方形。

4. 将四层布的一角向着自己，翻起第一层至顶点。

5. 再将这层口布向下翻折，距离口布中心点约 1 厘米。

6. 同样操作第二、第三层口布，注意各层口布之间间距约 0.5 厘米。

7. 将三根筷子分别插入三层口布中。

8. 按紧筷子的同时向前推，注意不要放松口布。

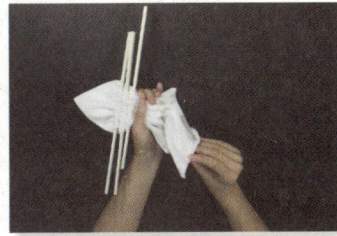

9. 推完后一手向筷子方向收紧，另一手整理口布后，将最下面一角做成鸟头。

10. 用剩余口布将底部包裹平整。插入杯中，抽出筷子，整理成型。

12. 孔雀开屏

"孔雀开屏"又称"羽扇鸟"。它采用折、推、穿、捏、攥五种技法。其中翻折要求间距均等并且有层次感,推折平整,鸟身褶皱均匀、紧密,鸟头的大小和颈部的长短是折叠本鸟的关键所在。以上的各种要求体现出羽扇鸟开屏时瞬间美丽的形象。

此花型适用于各种场合:

其一,放于大型宴会上重要且美丽的女士席位;

其二,此花可与果蔬雕刻的动物类花式冷盘相呼应;

其三,可与其他动物类花型同放,体现百鸟争鸣的寓意。

1. 口布打开，反面向上。

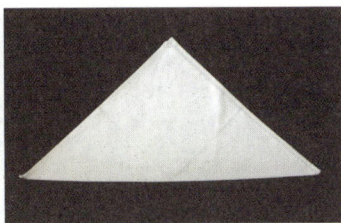

2. 对折成大三角形。

3. 将上层口布进行折尺形折叠。

4. 将口布翻面。

5. 旋转90°后，将两根筷子分别插入两层口布中。

6. 按紧筷子的同时向前推，注意不要放松口布。

7. 推完后一手向筷子方向收紧，另一手整理口布。

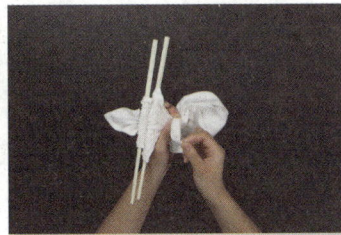

8. 将较大一角做成鸟头。

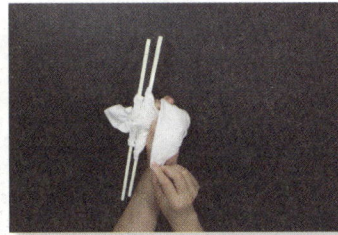

9. 用剩余口布将底部包裹平整。

10. 插入杯中，抽出筷子。

11. 整理成型。

13. 花港观鱼

"花港观鱼"又称"金鱼"。它采用折、推、翻三种技法。要求鱼身整齐又均匀地推折,鱼眼翻时两边大小相等,鱼尾的长短要根据整条鱼的比例进行翻折,以使整条鱼有栩栩如生之感。

此花型适用于多种场合:

其一,可放于小宾客席前,给人活泼可爱的感觉;

其二,可放于年夜饭的家宴,象征着年年有"余";

其三,有些餐台上以金鱼和水草代替鲜花,此时用红色口布折此种花型,可起到相互呼应的效果。据此,如能将此花型正确灵活的应用必能起到画龙点睛的效果。

1. 口布打开，正面向上。

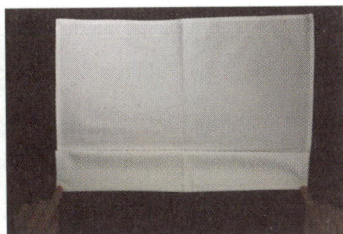

2. 将口布的一半一折三（折尺形）。

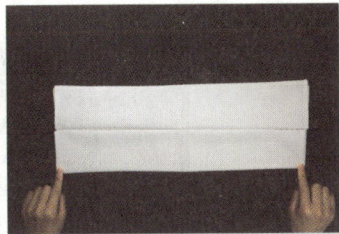

3. 同样操作另一侧。

4. 旋转90°后，向外推折，注意中缝始终成一直线。

5. 推折至距顶端约10厘米处。

6. 将摺裥向外侧推倒。

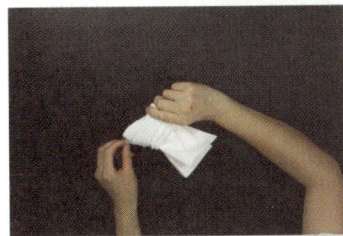

7. 将口布向内刈折后，一手攥紧鱼身，一手翻出最外层口布做眼睛。

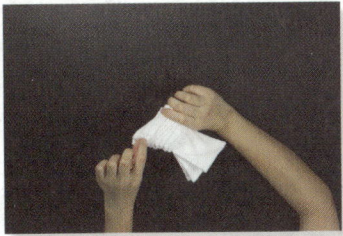

8. 同样操作另一只眼睛。

9. 张大鱼嘴使形象逼真。

10. 翻出鱼唇。

11. 整理尾部。

12. 整理成型，可适当以饰物进行点缀。

14. 幼鸟待哺

"幼鸟待哺"又称"濡沫鸟"。它采用折、推、拉、捏、攥五种技法。其中推法要求推折平整,拉出的两个鸟头高低一致、大小相等,包裹时应紧实、整齐且注意观赏面的美观。以上各种要求体现出相濡以沫的感觉。

此花型适用于多种场合:

其一,可用于结婚纪念的宴会席上,寓意着夫妻同甘共苦、患难与共;

其二,放于宴请一家三口的席位上;

其三,可与其他动物类花型同放,体现百鸟争鸣的寓意。

1. 口布打开，正面向上。

2. 将外侧一角向内折尺形翻折，重叠部分约为 2～3 厘米。同样操作外侧另一角。

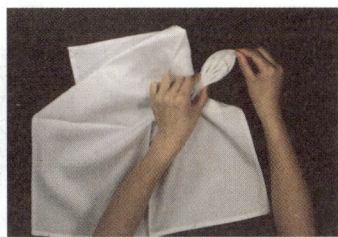

3. 一手按住外侧一角，另一手单手斜推成仙人掌状。

4. 外侧另一角以平推方式完成。

5. 将两部分合拢，注意高低区别。

6. 将底部一角拉起做成鸟头。

7. 同样操作另一个鸟头。注意高低区别。

8. 用剩余口布将底部包裹平整。

9. 插入杯中，整理成型。

15. 鸳鸯戏水

"鸳鸯戏水"又称"比目鸟"。它采用折、推、捏、拉、攥五种技法。鸟身推法要求推折平整,拉出的两个鸟头高低一致、大小相等,尾巴对称且大小一致,包裹时应紧实、整齐且注意观赏面的美观。以上的各种要求体现出比目鸟作为坚贞不移爱情化身的精神品质。

此花型适用于多种场合:

其一,适用于婚礼上宴请宾客,寓意着美好的爱情;

其二,放于宴请席上夫妇们的座位前;

其三,可放于与菜名相呼应的宴席上。

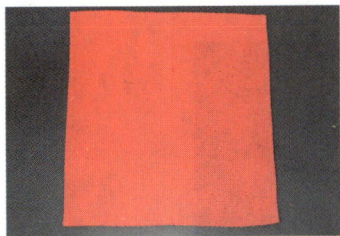

1. 口布打开，正面向上。

2. 上下对折，成长方形。

3. 将外侧上层两角向己侧底边中心翻折。

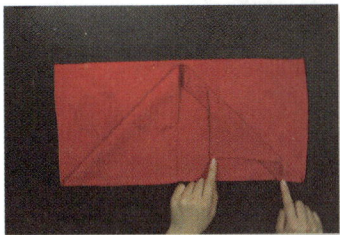

4. 将上层一侧折尺形折叠，重叠部分约为2厘米。

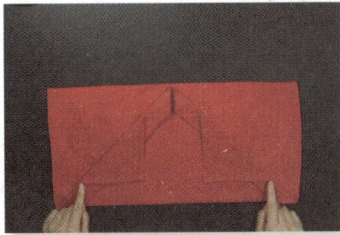

5. 同样操作另一侧。

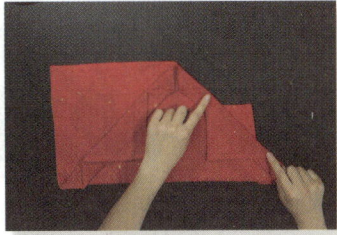

6. 将一侧下层与上层反方向折尺形折叠，重叠部分约为3厘米。

7. 同样操作另一侧。

8. 以一侧的对角线为轴，向两边各推折两次。

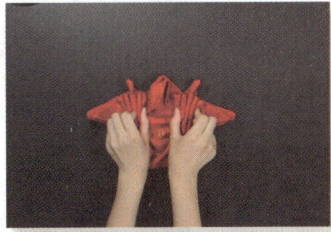

9. 同样操作另一侧。

10. 将两侧对折，折出两个相对的鸟头。

11. 一手攥住，另一手拉出尾部。

12. 换手同样操作另一侧。

13. 插入杯中，整理成型。

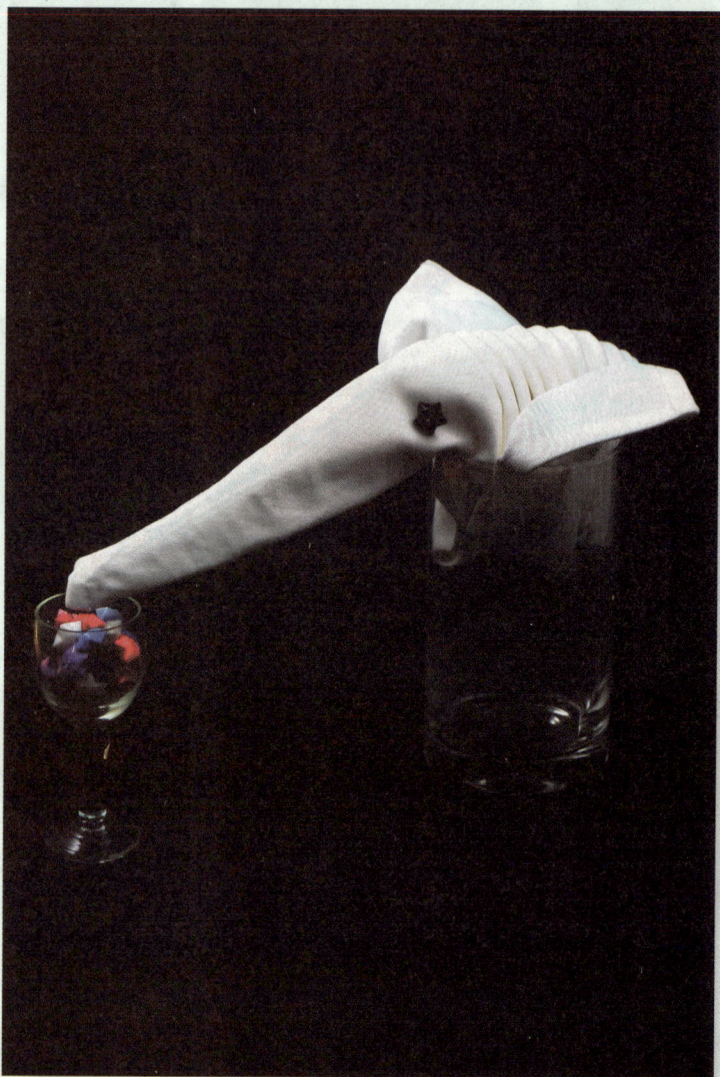

16. 吉祥如意

"吉祥如意"又称"小象"。它采用了折、推、拉、捏、攥、翻六种技法。其中推折平整且适量,耳部翻折时对称且大小一致,鼻部拉捏使其工整、挺拔,以达到美观的效果。以上的各种要求体现出小象强健的体型。

此花型适用于多种场合:

其一,用于各种年会宴请,寓意宾客身体健康,吉祥如意;

其二,可放于小宾客席前,寓意孩子茁壮成长;

其三,可与果蔬雕刻的动物类花式冷盘相呼应。

1. 口布打开，正面向上。

2. 旋转45°，将下部沿对角线一折三（折尺形），最上层略大于下面两层。

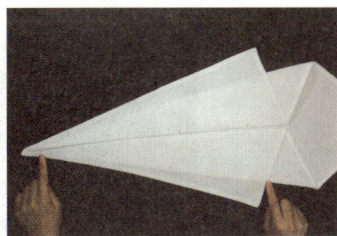

3. 同样操作口布的上部，注意对称。

4. 将口布旋转90°，尖角朝外。

5. 从己侧开始向外推折。

6. 推至距顶角约12厘米处。

7. 双手将褶裥捏起，向下对折，形成大象头部。

8. 一手攥紧头部，另一手整理象鼻。

9. 翻出一角做成象耳。

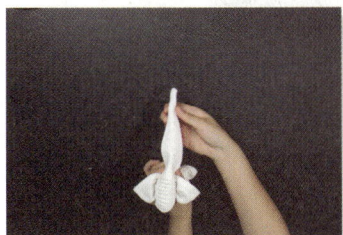

10. 同样操作另一侧。

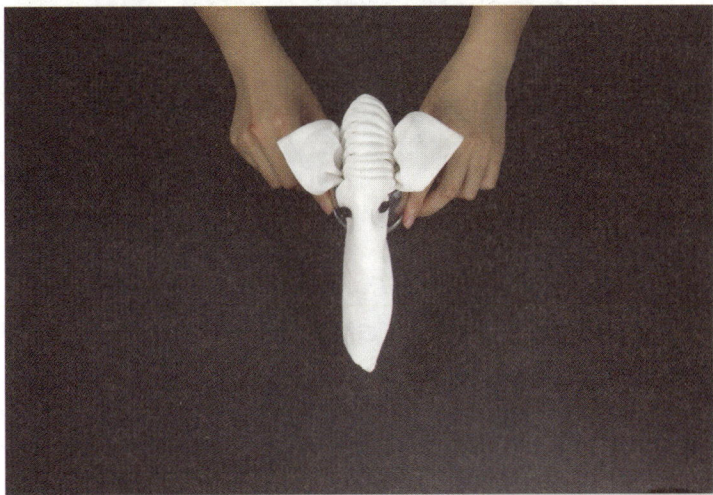

11. 插入杯中，整理成型。可适当以饰物进行点缀。

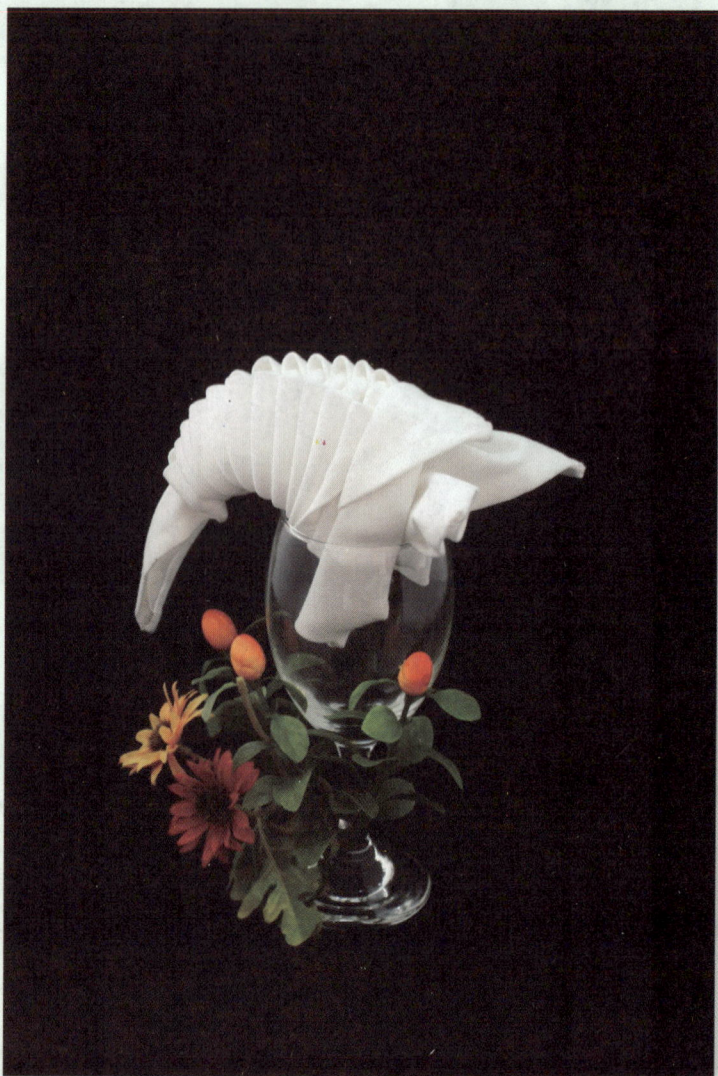

17. 澳洲龙虾

"澳洲龙虾"又称"澳虾"。它采用了折、推、捏、拉四种技法。要求虾身推折平整,虾头的长短适宜(因其决定龙虾的逼真程度),拉出的虾钳大小一致、左右对称,以达到美观的效果。以上各种要求体现出澳虾极具活力的形象。

此花型适用场合和特点:

其一,用于海鲜宴席上喜好龙虾的宾客前;

其二,可放于高档的婚宴宴请席上,与之相配;

其三,如用红色餐巾折叠,可达到以假乱真的效果。

1. 口布打开，正面向上。

2. 旋转 45°，将下部沿对角线一折三（折尺形），最上层略大于下面两层。

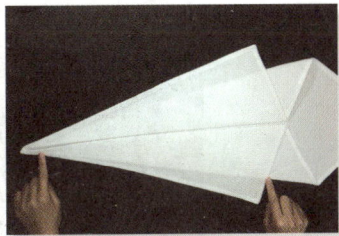

3. 同样操作口布的上部，注意对称。

4. 将较大的一头向着自己，三角形多余尾部向上折起。

5. 将已翻折部分再进行两次翻折。

6. 从己侧开始向外推折，注意中缝始终成一直线。

7. 推至距顶端约 3 厘米处。

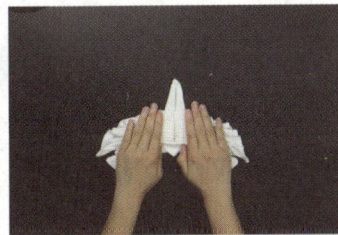

8. 将褶裥向外侧推倒。

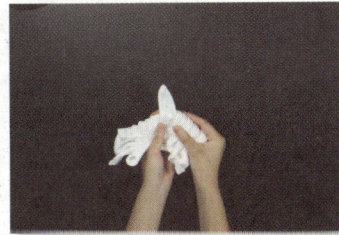

9. 将口布翻面后，两边向中心线对折。

10. 再次翻面后，一手攥紧底部，另一手进行整理。

11. 做出头部。

12. 插入杯中，整理成型。

18. 仙人双掌

"仙人双掌"采用折、推、攥三种技法。其中推法要求斜推,而且左右均匀,推折平整,两个弧形都应自然,以达到美观的效果。折叠此花的关键在于包裹时应选用攥的技法,要求做到平整和紧实,使形成的部位不变形。

此花型适用于多种场合:

其一,此花放在餐桌上,给人四季常青之感,象征永远年轻;

其二,此花可放在酒店厅房内的装饰物旁,但要配上与装饰物颜色相配的用具;

其三,若此花用绿色餐巾折叠,与天然植物同放一处能与其媲美。

1. 口布打开，正面向上。

2. 对折成大三角形。

3. 将上层向己侧翻折约 4 厘米。

4. 将口布翻面后，同样操作另一侧。

5. 旋转约 90°，一手按住口布底边约四分之一处，另一手单手斜推，完成第一个仙人掌。

6. 同样操作第二个仙人掌。

7. 将两个仙人掌并排后整理。

8. 用剩余口布将底部包裹平整。

9. 插入杯中，整理成型。

19. 仙人三掌

　　"仙人三掌"采用折、推、攥三种技法。推法要求斜推,而且左右均匀,推折平整,三个弧形大小各异,都应自然美观。折叠此花的关键在包裹上,应选用攥的技法,要求平整、紧实,使形成的部位不变形。

　　此花型适用于多种场合:

　　其一,用于同学间、同事间的聚餐,摆放此花有促进彼此联系之意;

　　其二,宝宝生日宴,摆放此花寓意三代同堂;

　　其三,放于家中客厅的吧台上,与颜色相配的饰品同放一处,作为点缀。

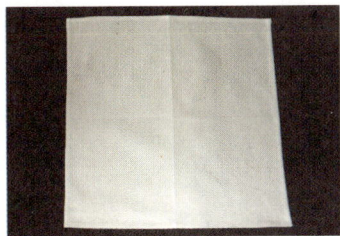

1. 口布打开，正面向上。

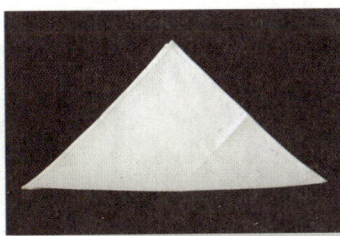

2. 对折成大三角形。

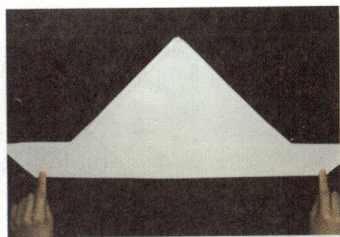

3. 将上下两层分别向底边翻折，距离底边约 4～5 厘米。

4. 一手按住口布底边约四分之一处，另一手单手斜推，完成第一个仙人掌。

5. 同样操作第二个仙人掌。

6. 同样操作第三个仙人掌。

7. 用剩余口布将底部包裹平整。

9. 插入杯中，整理成型。

8. 稍作修饰。

20. 仙人掌花

　　"仙人掌花"采用折、推、拉、攥四种技法。其中推法要求斜推,推折平整,弧形自然,拉出的四片叶子应大小一致。折叠此花的关键在于包裹时应选用攥的技法,要求做到平整和紧实,使形成的部位不变形,以达到美观的效果。

　　此花型适用于多种场合:

　　其一,此花放在餐桌上,给人四季常青之感,象征永远年轻;

　　其二,此花可放在酒店厅房内的装饰物旁,但要配上与装饰物颜色相配的用具;

　　其三,此花若用绿色餐巾折叠,与天然植物同放一处能与其媲美。

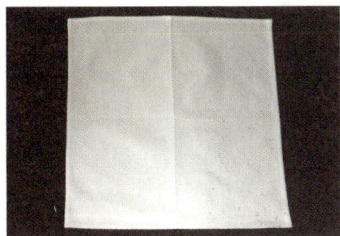

1. 口布打开，正面向上。

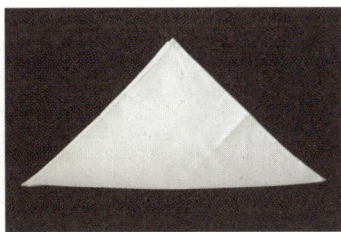

2. 对折成大三角形。

3. 将上层向已侧翻折约 4 厘米。

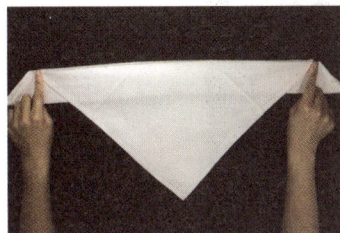

4. 将口布翻面后，同样操作另一侧。

5. 一手按住口布底边中心处，另一手单手斜推，完成仙人掌。

6. 一手攥紧已完成的仙人掌，另一手将底部口布拉起一片做成叶片。

7. 同样操作第二个叶片。

8. 同样操作第三、第四个叶片。

9. 用剩余口布将底部包裹平整。

10. 插入杯中，整理成型。

21. 竹报平安

　　"竹报平安"又称"富贵竹"。它采用了折、卷、翻、攥四种技法。首先卷的技法要求由细到粗形成均等的螺旋状,其次花蕊应结实、饱满,再次竹叶围花蕊要均匀地拉出大小均等的三瓣,最后包裹要求紧实、平整,以达到高耸挺拔的效果。以上各种要求体现出富贵竹生命力的顽强。

　　此花型适用于多种场合:

　　其一,用于长辈生日宴请席位上,寓意长辈康健常青;

　　其二,放于田园宴(素食宴)重要客人的席位前;

　　其三,可放于中餐各种宴会主人席位上。

1. 口布打开,反面向上。

2. 对折成大三角形。

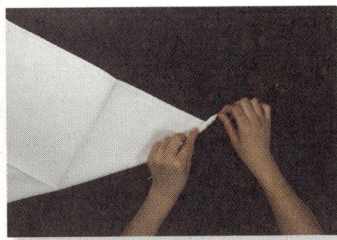

3. 将右下角向外侧斜卷。

4. 卷至距离顶角约12厘米处。卷的过程中注意滚边间距均匀。

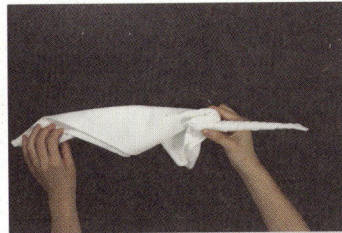

5. 将已卷部分折尺形折叠,形成竹芯。

6. 一手攥紧花蕊及竹芯部分,另一手拉出一角做成叶片。

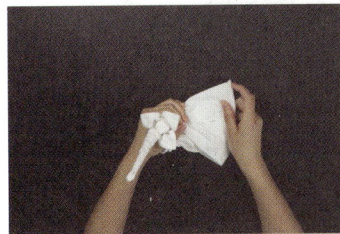

7. 同样操作其他两个叶片。

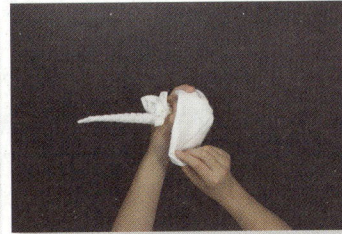

8. 一手攥紧花的主体,另一手整理下部的口布。

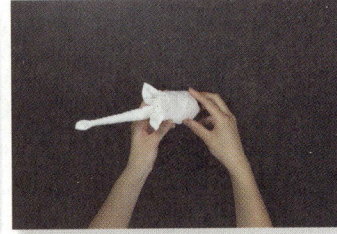

9. 用剩余口布将底部包裹平整。

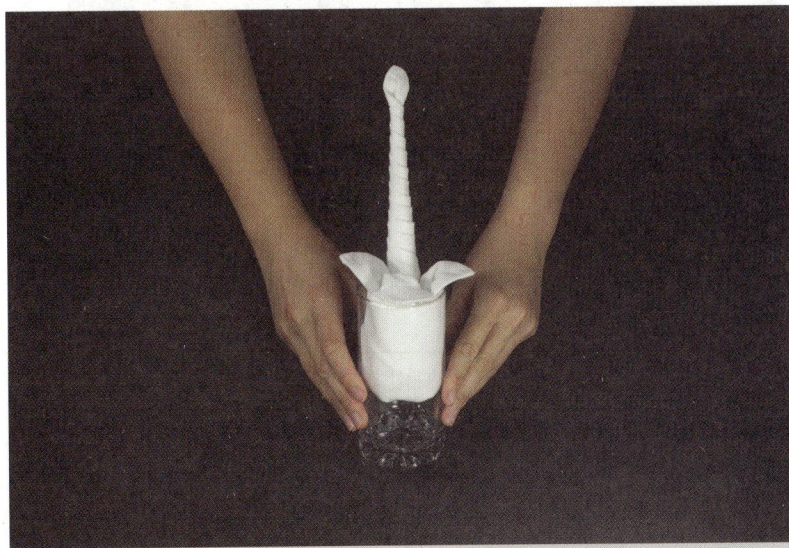

10. 插入杯中,整理成型。

22. 花开朝阳

"花开朝阳"又称"太阳花"。它采用折、推、拉、翻、攥五种技法。花蕊应达到层次分明、大小适宜、结实、饱满的效果,花瓣要求围花蕊均匀地拉出大小均等的五瓣,最后包裹要求紧实、平整,插杯适宜。以上各种要求体现出太阳花积极向上的姿态。

此花型适用于多种场合:

其一,可放于中餐宴请的青少年席位前,寓意初升的太阳;

其二,此花美丽、逼真,可用于情人节年轻恋人的聚会;

其三,可与其他植物类花型同放,体现百花齐放的寓意。

1. 口布打开，反面向上。

2. 上下对折，成长方形。

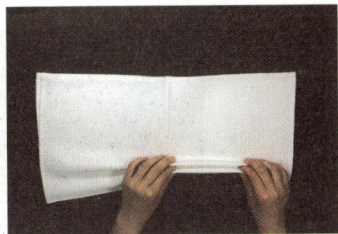

3. 右手捏口布底边右起四分之一处，左手捏底边中点，向外推折。

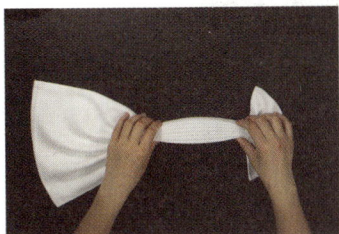

4. 推折完毕。

5. 将推折部分向下对折，形成花蕊。

6. 攥紧花蕊。

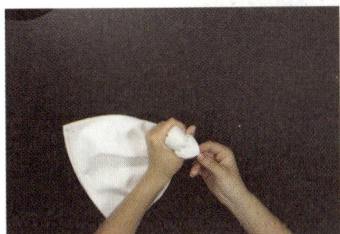

7. 另一手拉起一角做花瓣。

8. 同样操作另四个花瓣，其中有一个花瓣为双层口布。

9. 用剩余口布将底部包裹平整。

10. 插入杯中，整理成型。

23. 美味甜品

"美味甜品"又称"冰激凌"。它采用折、推、翻三种技法。要求推折高低一致、均匀平整、翻的深度要符合冰激凌的形态,左右两侧高低适宜、大小均等,中间略高,以达到美观的效果。

此花型适用于多种场合:

其一,用于夏天宴请宾客,给人一种清爽袭人的感觉;

其二,如有餐后甜点可相呼应;

其三,可放于小宾客面前,给人一种活泼喜悦感。

1. 口布打开，反面向上。　　2. 上下对折，成长方形。　　3. 左右对折，成正方形。

4. 将开两层口的一角其中一层向上对折。　　5. 将口布翻面，剩下的一层再往上对折。　　6. 旋转90°后，从三角形的中间向两边推折。

 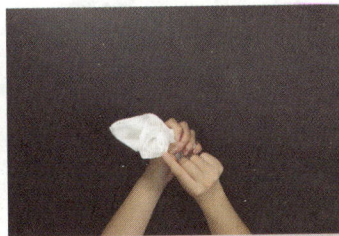 

7. 推折时注意两侧褶裥相等、均匀。　　8. 攥紧口布下方，并将上部翻出做花蕊。　　9. 用同样的方法翻出做其他两个花蕊。

10. 插入杯中，整理成型。

24. 并蒂月季

　　"并蒂月季"又称"同生花"。它采用了折、推、拉、翻、攥五种技法。首先要求推折平整,宽度一致,其次包裹紧实、整齐,拉出的叶子对称且大小相等,最后花苞使用特殊翻的技法,使两个花苞大小一致、方向相反,以达到美观、逼真的效果。此花对初学者来说是磨练基本功的有效方法之一。

　　此花型适用场合和特点:

　　其一,放于孪生兄弟姐妹宴请的席位上,寓意着手足情深;

　　其二,可与其他植物类花型同放,体现百花齐放的寓意;

　　其三,此花的摆放不遮盖其他餐具。

1. 口布打开，反面向上。

2. 上下对折，成长方形，开口向外侧。

3. 将上层口布向己侧对折。

4. 将口布翻面。

5. 同样操作上层口布。

6. 以一侧分层最多的角为顶端，角平分线为中轴，向两边推折。

7. 整理平整。

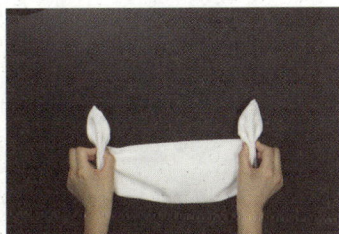

8. 同样操作另一侧。

9. 将两朵花合并。

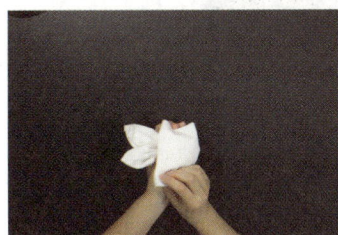

10. 一手攥紧花朵，另一手用下部口布将底部包裹平整。

11. 拉出两片叶片。

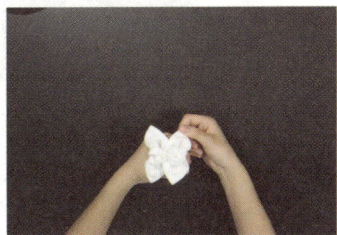

12. 翻出两个花蕊和另一侧的两片叶片。

13. 插入杯中，整理成型。

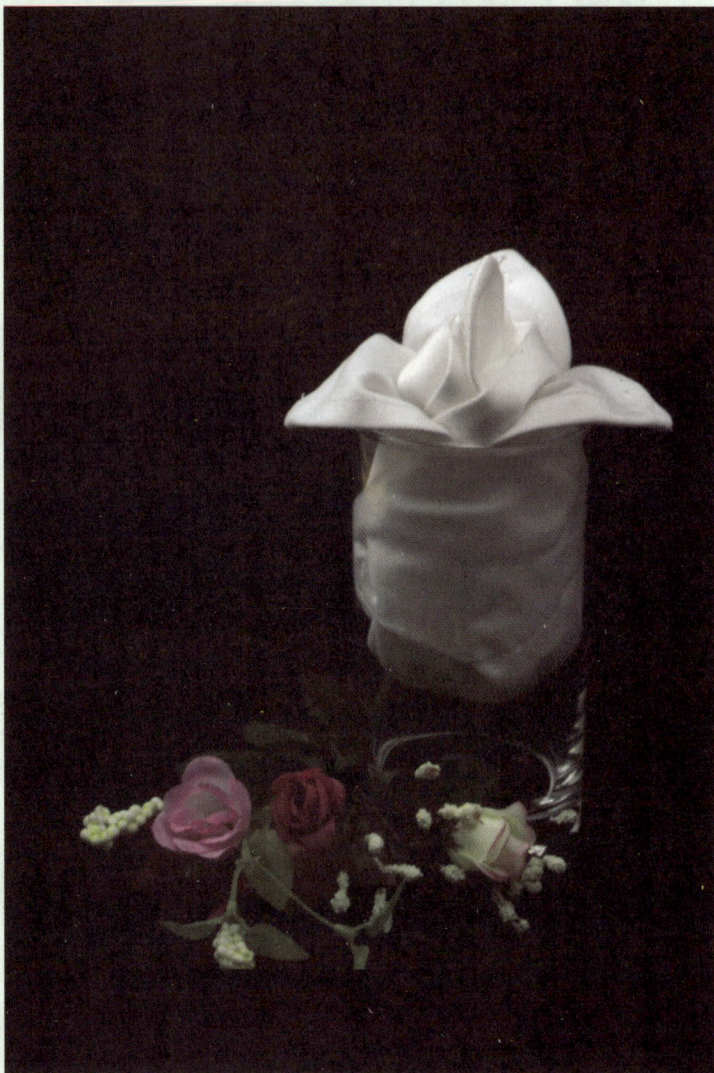

25. 月季初蕊

"月季初蕊"又称"三角花"。它采用了折、推、翻、拉、攥五种技法。花蕊使用翻的技法，要求大小适宜，花蕊别致独特，而三瓣花叶要求大小均等、形态相似，最后包裹要求紧实、平整。

此花型适用于多种场合：

其一，此花美丽、逼真，可用于情人节年轻恋人的聚会；

其二，若此花用红色餐巾折叠，与天然植物同放一处能与其媲美；

其三，可与其他植物类花型同放，体现百花齐放的寓意。

1. 口布打开，反面向上。

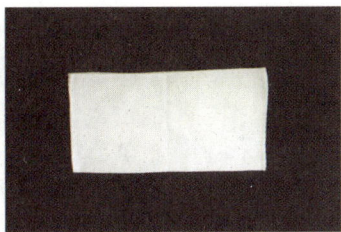

2. 上下对折，成长方形，注意开口向外。

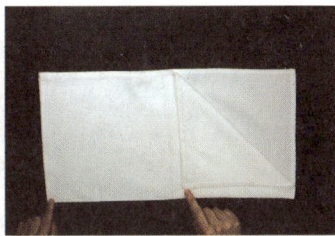

3. 将外侧一角的上层口布向底边翻折，距底边约2厘米。

4. 左右对折，成正方形。

5. 将口布逆时针旋转约135°。

6. 从中间开始向两侧推折。

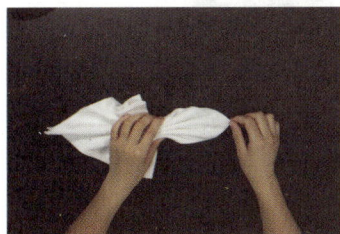

7. 推折完毕后拉直。

8. 找到隐藏尖角的那一端，一手攥紧，另一手拉出隐藏角做花蕊。

9. 整理花瓣。

10. 拉起口布下部的一角做叶片。

11. 同样操作其他三个角。

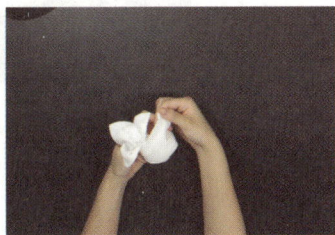

12. 用剩余的口布包裹底部。

13. 插入杯中，整理成型。

26. 马蹄花香

　　"马蹄花香"又称"马蹄花"。它采用了折、卷、推、翻四种技法。首先卷成细密的螺旋状，其次推折成由大到小整齐的梯形状，最后根据马蹄花的大小进行翻折，起到逼真的效果。以上的各种技法要求体现马蹄花高贵的形象。

　　此花型适用场合和特点：

　　其一，可放于中餐大型宴请女士席位上；

　　其二，此花可用嫩黄色、粉红色等彩色口布制作，以达到以假乱真的效果；

　　其三，可与其他植物类花型同放，体现百花齐放的寓意。

1. 口布打开，反面向上。

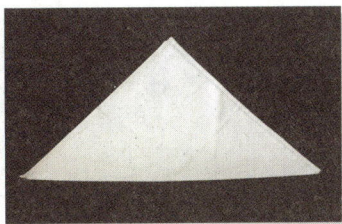

2. 对折成大三角形。

3. 左右对折，成小三角形。

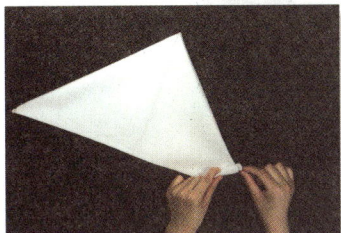

4. 将重叠的两角沿开口的直角边侧向外斜卷。注意略微留出尖角做花蕊。

5. 卷至距顶角约3厘米处。

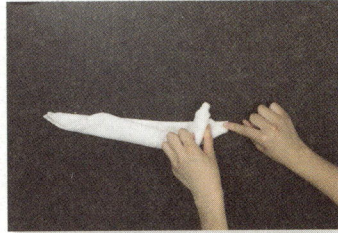

6. 将所卷部分向上翻折，顶角处留出约1厘米左右的间距。

7. 以所卷部分为底边，斜向上方推折。

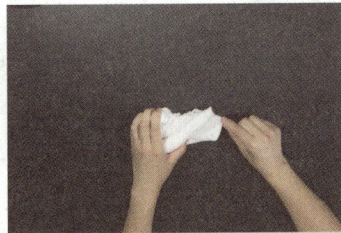

8. 推折完毕，一手攥紧推折部分，另一手整理。

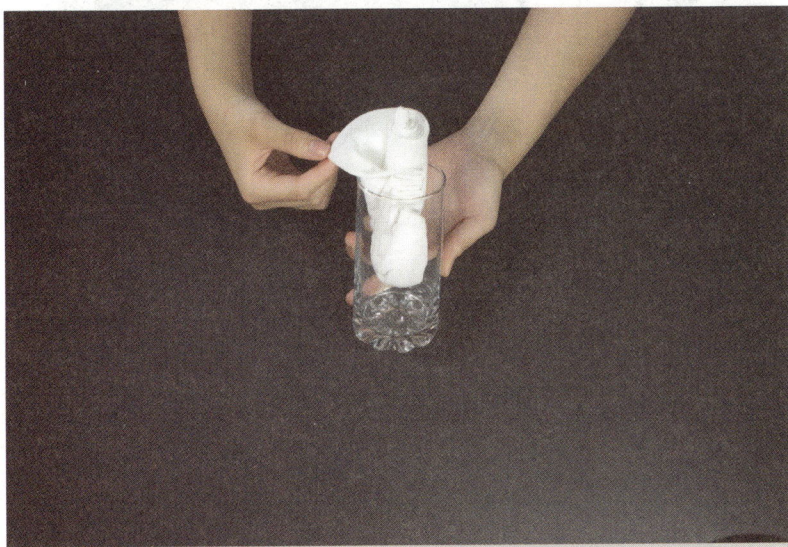

9. 插入杯中，整理成型。

27. 浪漫玫瑰

"浪漫玫瑰"又称"芳香花"。它采用了折、推、掰、攥四种技法。推的宽度要适合花朵的大小,掰的技法要体现花蕊的层次感,以上这两种技法决定浪漫玫瑰的逼真形态,而攥的技法要求紧实、平整,才能保证整朵花的花型优美。

此花型适用于多种场合:

其一,用于浪漫婚礼晚宴,寓意着爱情如玫瑰般绚烂;

其二,可用于情人节年轻恋人的聚会;

其三,可与其他植物类花型同放,体现百花齐放的寓意。

1. 口布打开，反面向上。

2. 上下对折，成长方形。

3. 左右对折，成正方形。

4. 将四层布的一角向着外侧，从靠近自己的一侧向外推折。

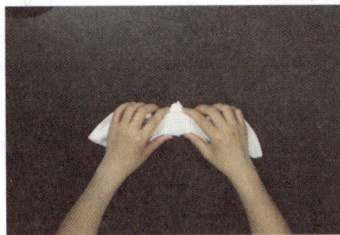

5. 整理平整，注意双手不放松。

6. 左右对折。

7. 一手攥紧下部，另一手瓣开花瓣。

8. 整理叶片，使上翘。

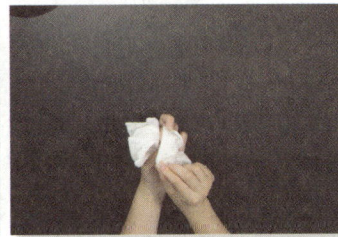

9. 用剩余口布包裹底部。

10. 包裹平整。

11. 插入杯中，整理成型。

28. 玫瑰娇颜

　　"玫瑰娇颜"又称"卷心花"。它采用了折、卷、拉、攥四种技法。卷的技法要求松紧适宜、大小适中、褶皱自然,拉出的四个花瓣要求大小一致、形态自然,包裹需紧实、平整,以达到美观效果。以上各种要求体现出玫瑰娇艳、香气馥雅。

　　此花型适用场合和注意点:

　　其一,用于浪漫婚礼晚宴,寓意着爱情如玫瑰般绚烂;

　　其二,可与其他植物类花型同放,体现百花齐放的寓意;

　　其三,摆放时注意不要遮盖其他餐具。

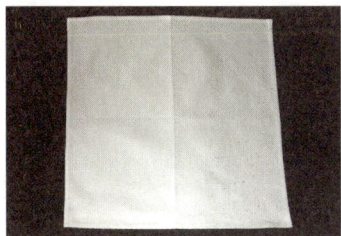

1. 口布打开，正面向上。

2. 一手捏住中心点。

3. 另一手将口布顺时针旋转。

4. 转至仅余四片角，一手攥紧所攥部分，另一手整理出花体。

5. 拉起下部一角做叶片。

6. 同样操作其它三片叶片。

7. 用剩余的口布包裹底部。

8. 插入杯中，整理成型。

29. 玉叶小花

"玉叶小花"又称"团圆花"。它采用了折、串、推、攥四种技法。要求推折平整,褶皱均匀、紧密,花叶左右相等、高度适宜,最后包裹紧实、平整,以达到美观的效果。

此花型适用于多种场合:

其一,可放于春节家庭聚餐的长辈席位上,寓意团团圆圆;

其二,宝宝生日宴,摆放此花寓意三代同堂;

其三,可与其他植物类花型同放,体现百花齐放的寓意。

1. 口布打开，反面向上。

2. 对折成大三角形。

3. 将顶角的上层往下翻，超出底边约6厘米。

4. 将口布翻面。

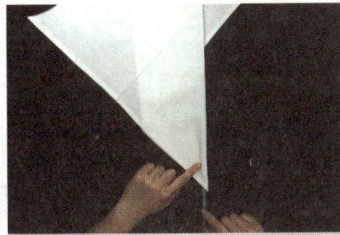

5. 旋转90°后，将筷子插入。

6. 按紧筷子的同时向前推，注意不要放松口布。

7. 推完后一手向筷子方向收紧，另一手整理口布。

8. 一手攥紧底部，另一手抽出筷子。

9. 将褶皱部分围成一个圈。

10. 用剩余的口布包裹底部。

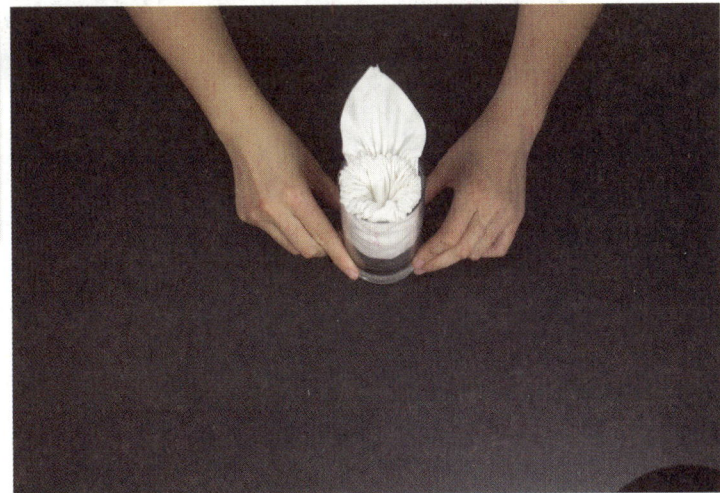

11. 插入杯中，整理成型。

30. 祝福之花

　　"祝福之花"形似康乃馨,因康乃馨的花语而得名。它采用了折、推、穿、掰四种技法。首先要求翻折间距均等并且有层次感,推折平整,其次使用穿的技法时,要求褶皱均匀、紧密,花瓣的宽度一致,以达到美观的效果。以上的各种要求体现出康乃馨顽强活力的特征。

　　此花型适用于多种场合:

　　其一,放于宴请席上长者的席位上,寓意长者身体健康;

　　其二,宝宝生日宴,摆放此花寓意宝宝健康成长;

　　其三,若此花用绿色餐巾折叠,与天然植物同放一处能与其媲美。

1. 口布打开，反面向上。

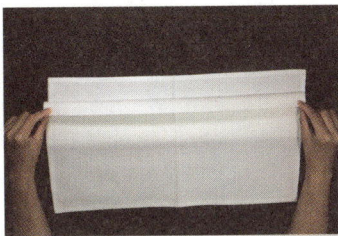

2. 双手捏起中心线，将中心线以上部分对折。

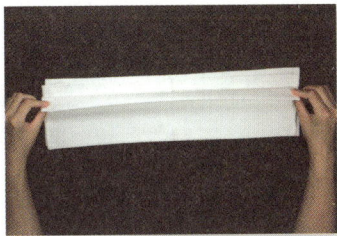

3. 再将中心线以下部分对折。

4. 旋转90°后，将两根筷子分别插入两层口布中，向前推送。

5. 推完后一手向筷子方向收紧，另一手整理口布。

6. 拔出筷子，将口布围成一个圈。

7. 整理最外层花瓣。

8. 插入杯中，整理成型。

模块四：拓展盆花

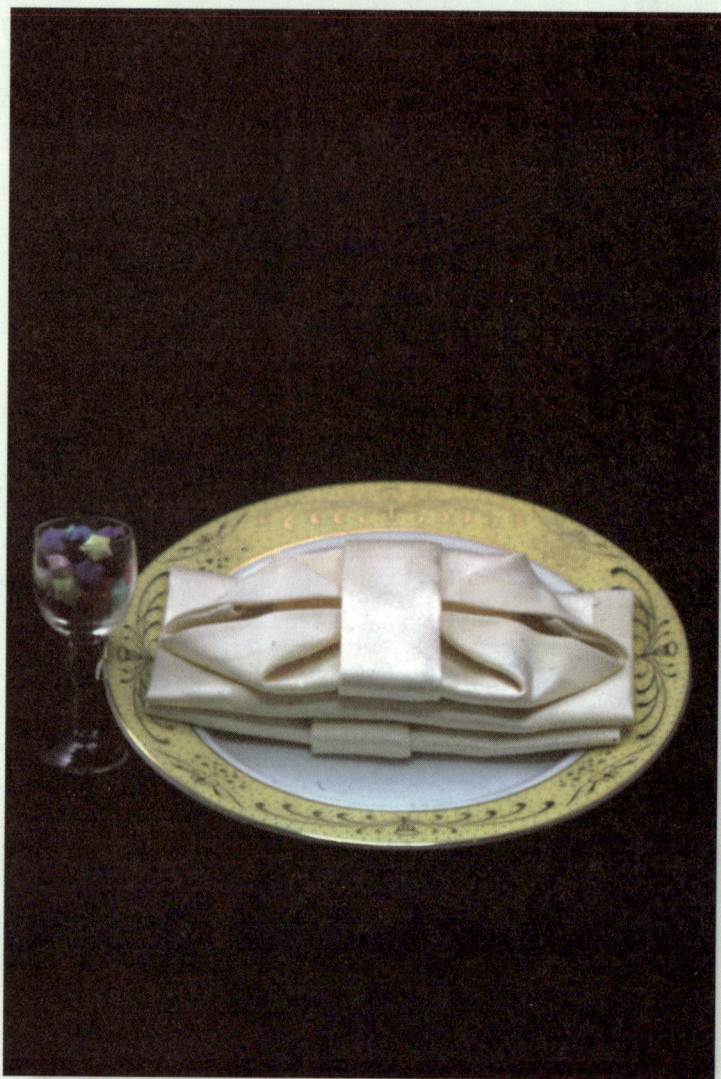

1. 精美礼盒

"精美礼盒"又称"礼品盒"。它主要采用了折、卷、拉三种技法。首先此花型折的技法要求宽窄一致,其次卷法应根据此花的长度放于中心位置,最后打包盒的装饰带应平整,两边大小均等,以达到精致的目的。

此花型适用于多种场合:

其一,适用于情人节年轻恋人高档西餐聚会;

其二,可放于大型西餐晚宴重要的女性领导人席位前;

其三,可与宾客馈赠的礼品相配。

1. 口布打开，反面向上。

2. 从下往上折 12 厘米左右（略大于三分之一）。

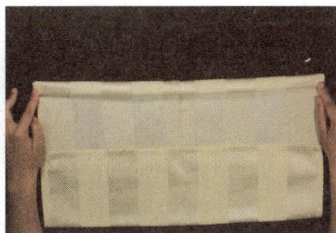

3. 将口布上边缘向下平卷约 7 厘米。

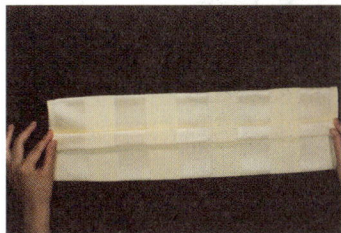

4. 将卷起的部分拉至折叠部分上方，注意卷边横向居中。

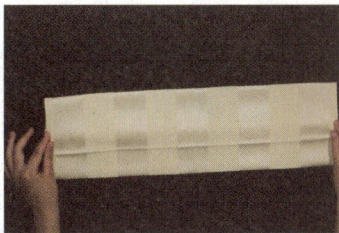

5. 将口布翻面。

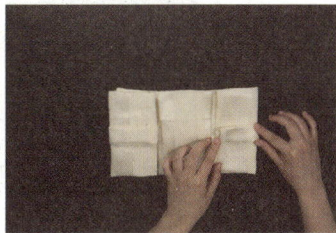

6. 将两侧分别向中间对折约 5 厘米。

7. 两侧再次向中间对折。

8. 反向对折后，拉直使平整。

9. 将上层一侧翻起，折成菱形，插入中缝。

10. 同样操作另一侧。

11. 整理成型。

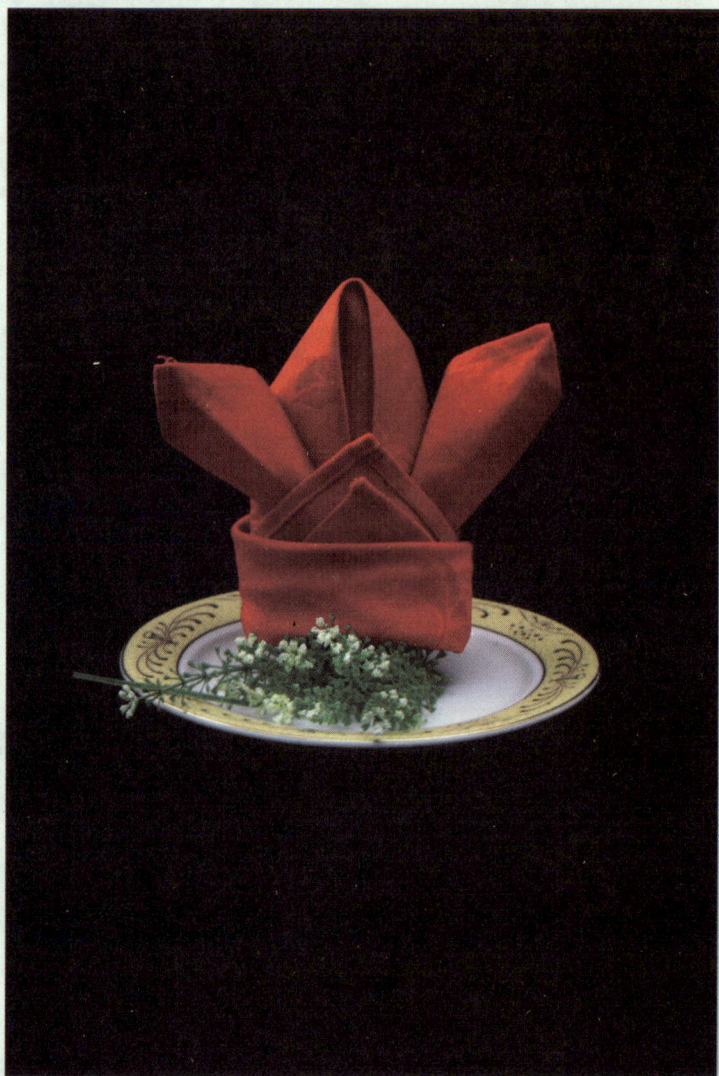

2. 公主华冠

"公主华冠"又称"公主帽"。它主要采用折的技法。首先此花应选用标准尺寸与质地的餐巾来折叠,折叠时按一定比例尺寸进行,其次折叠时还应注意两角的大小对称,最后成品完成时应站立挺直。

此花型适用于多种场合:

其一,可放于西餐宴会席新娘席位前;

其二,可放于小女孩的席位前,给人童话般的感觉;

其三,可放于高档西餐女士的席位前。

1. 口布打开，反面向上。

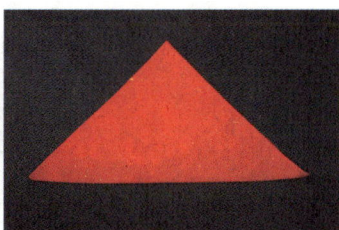

2. 对折成三角形。

3. 将一侧的角折向顶角。

4. 同样操作另一侧，成正方形。

5. 将左右两角再次翻折，注意角尖与顶端错开，且两角对称。

6. 将左右两角打开约一半，翻折如图。

7. 将顶角的两层口布分别向己侧折起约5厘米，注意两层的间距。

8. 自上往下平卷至中心线。

9. 将口布翻面后，两侧各约三分之一向中间折起。

10. 将两角对插。

11. 整理成型。

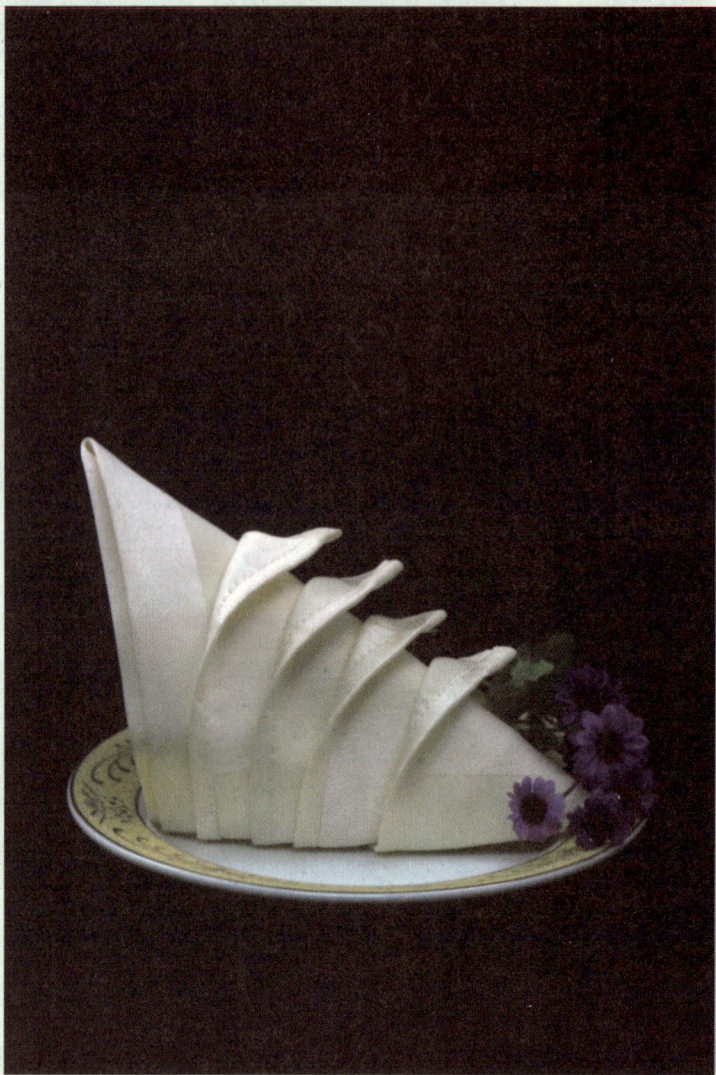

3. 螺号声声

"螺号声声"又称"海螺"。它采用了折、翻两种技法。首先此花应选用标准尺寸与质地的餐巾来折叠,折叠时按一定比例尺寸进行,其次螺纹间的距离应均等,且翻折大小相同,体现自然感。

此花型适用场合和特点:

其一,可放于沙滩聚餐会;

其二,放于大型宴请,起到整齐划一的效果;

其三,可放于表彰大会,寓意着螺号声声,奋发向上。

其四,此花如用深绿色餐巾折叠能起到以假乱真的效果。

1. 口布打开，反面向上。

2. 上下对折，成长方形。

3. 左右对折，成正方形。

4. 将四层布的一角向着自己，逐层向上折，注意间距约为 0.5 厘米。

5. 将口布翻面后，两边角向顶角对折。

6. 再左右对折。

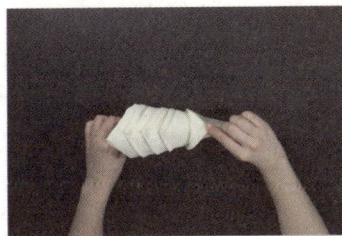

7. 一手捏住己侧，一手将四角逐层向下翻，成螺纹状。

8. 整理成型。

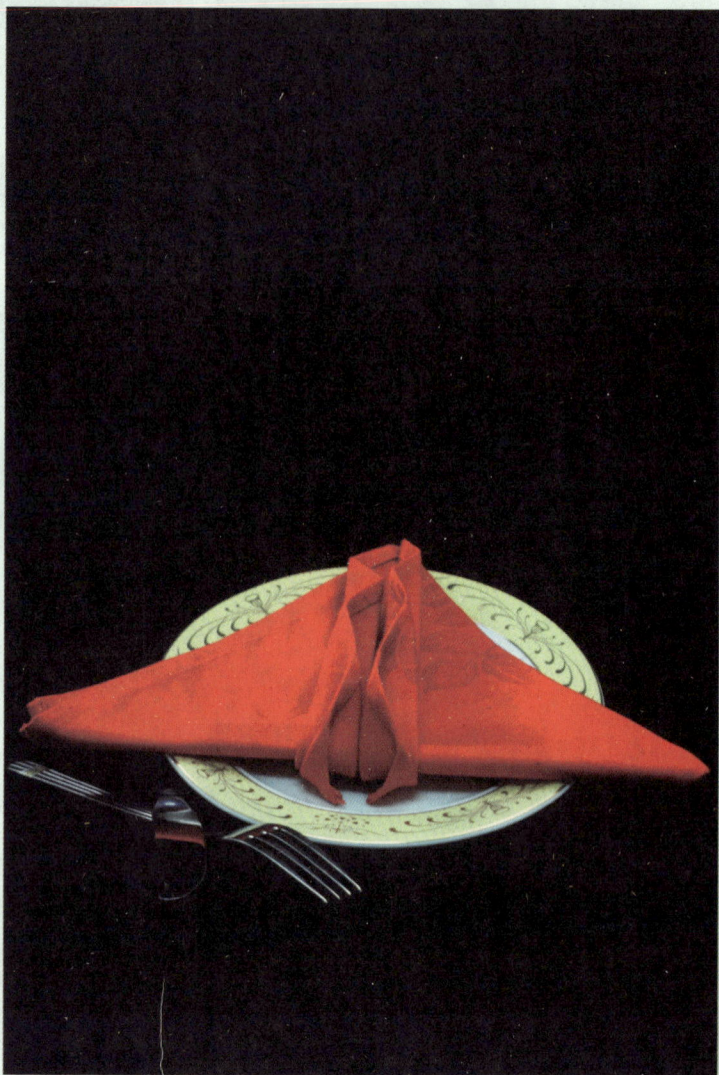

4. 海鸥翔云

　　"海鸥翔云"主要采用折的技法。首先此花应选用标准尺寸与质地的餐巾来折叠，折叠时按一定比例尺寸进行，其次此花形状大小决定于推折的宽度，要求推折平整、整齐，此花中间部位应大小对称、褶皱清晰（这是此花成型的关键），以达到美观的效果。

　　此花型适用于多种场合：

　　其一，可放于高档海鲜西餐晚宴；

　　其二，可放于海外游子的宴请席位前；

　　其三，可放于小宾客前，给人一种活泼感。

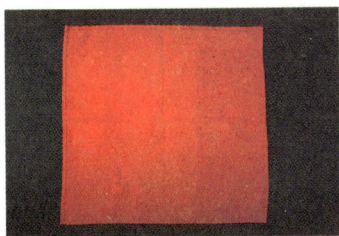

1. 口布打开，反面向上。

2. 上下对折，成长方形。

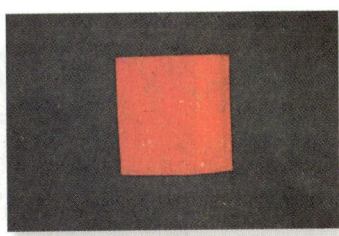

3. 左右对折，成正方形。

4. 将四层布的一角向着自己，将第一层往上对折。

5. 用平折的方法来折叠第一层。

6. 同样操作第二层，注意两层折叠方向相对。

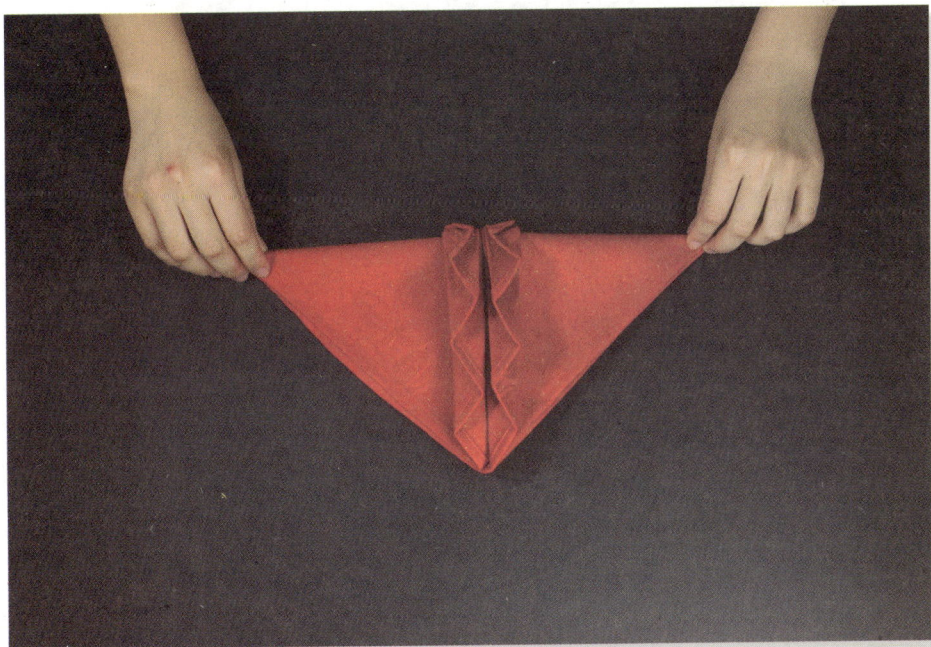

7. 旋转90°后，如图方向对折，整理成型。

5. 草原雄鹰

"草原雄鹰"又称"老鹰"。它采用了折、卷、捏、攥四种技法。其中折的宽度与长短应根据餐盆的大小决定,而卷的技法是鸟头逼真的关键,要求颈部两侧松紧一致,鸟头的大小根据鸟身来决定,最后包裹应做到紧实、平整、不松散,以达到应有的效果。

此花型适用于多种场合:

其一,此鸟放于禽类产品的展台上能起到点缀桌面的作用;

其二,可放于宴请重要人士的席位前,是地位的象征;

其三,可与其他动物类花型同放,体现百鸟争鸣的寓意。

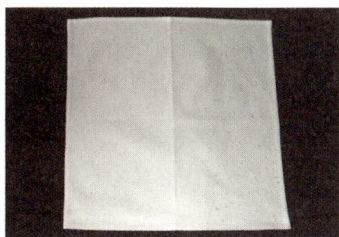

1. 口布打开，正面向上。

2. 旋转45°，将下部沿对角线一折三（折尺形），最上层略大于下面两层。

3. 同样操作口布的上部，注意对称。

4. 将较大的一侧向尖端折起，距离约10厘米。

5. 将折叠后的部分其中一段向对角线斜卷。

6. 同样操作另一侧，稍小的一端做鸟头。

7. 再次将较大的一段向上翻折，距离顶端约10厘米。

8. 将口布翻转。

9. 两侧各约三分之一向中间折起。

10. 将两角对插。

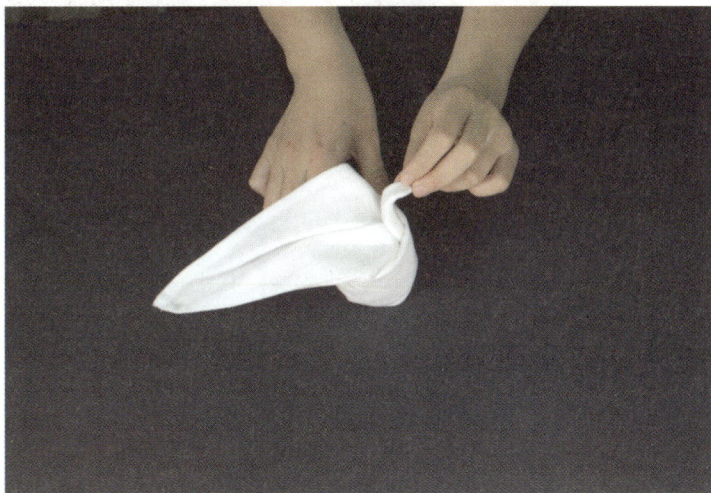

11. 较长的三角形为尾部，较短的为头部。整理成型。

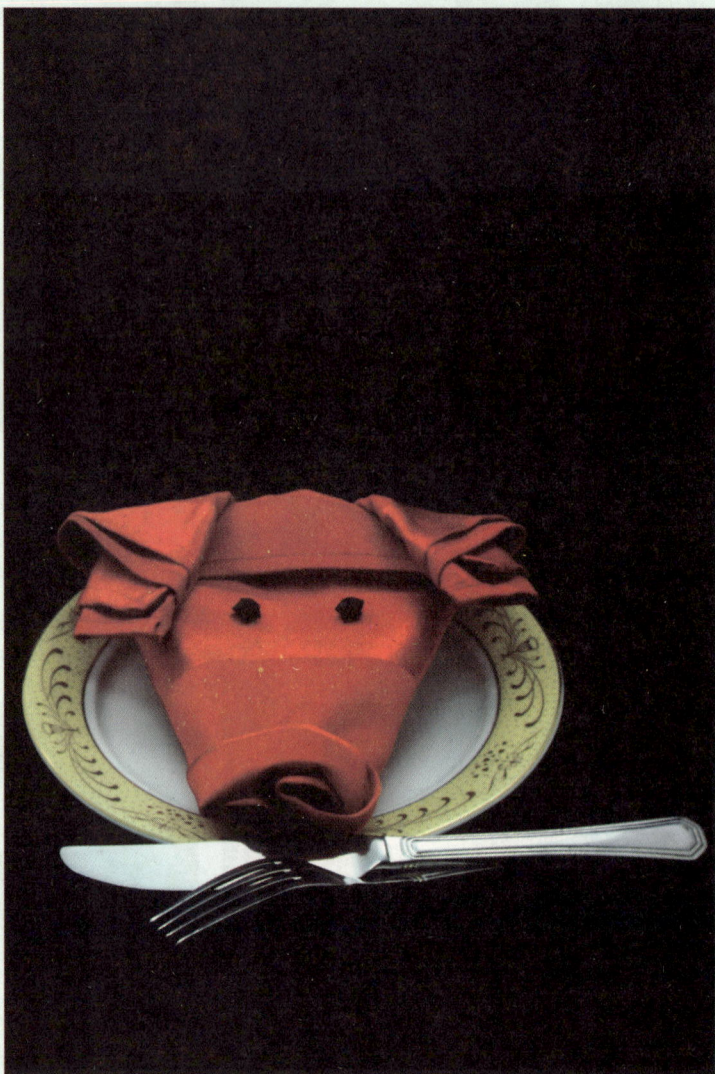

6. 满堂牛气

　　"满堂牛气"采用折、卷、翻三种技法。其中斜卷的要求是两侧松紧一致、大小均等,翻的技法在操作时应注意其他部位的变化,才能使此花型形象逼真。

　　此花型适用于多种场合:

　　其一,如遇牛年的新春宴会,可使用红色口布折叠此花,体现牛气冲天;

　　其二,如知属牛的宾客,可在相应席位上摆放此花;

　　其三,西餐宴会可用此花与菜品相配。

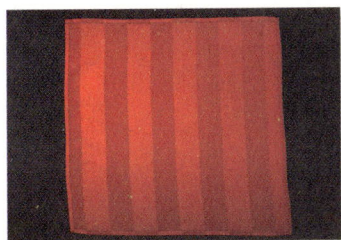

1. 口布打开，反面向上。

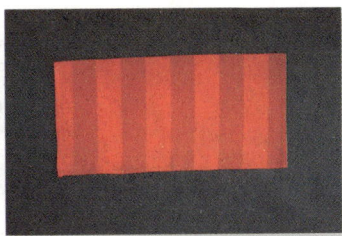

2. 上下对折，成长方形。

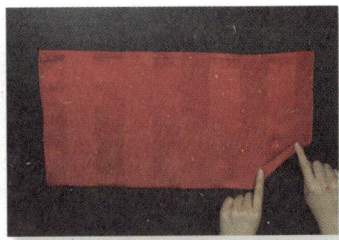

3. 将左下角（或右下角）45°斜卷。

4. 卷至底边中点。

5. 同样操作另一角。

6. 将口布翻面。

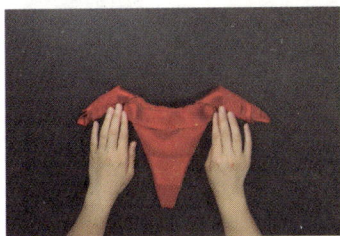

7. 将较大的一端向上翻折约2~3厘米。

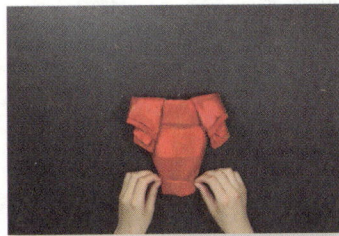

8. 将较小的一端向上翻折约1.5~2厘米。

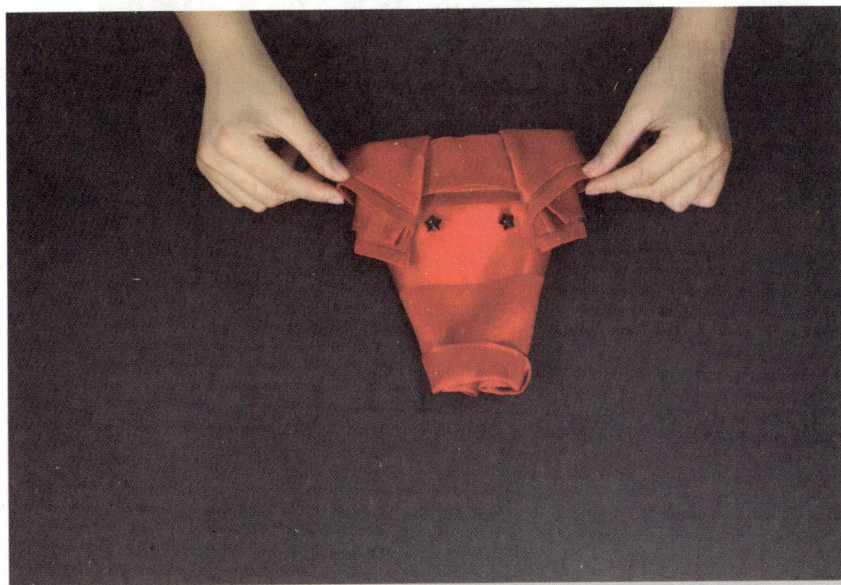

9. 整理成型。

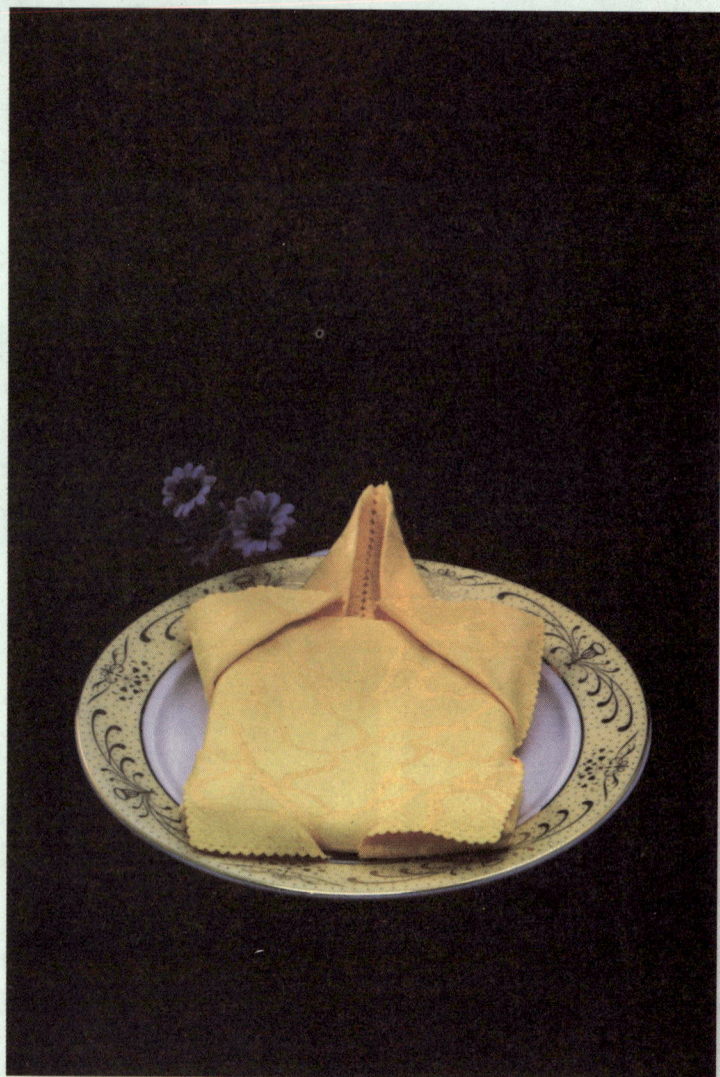

7. 百岁神龟

"百岁神龟"又称"甲鱼"。它采用折、翻两种技法。首先此花应选用标准尺寸与质地的餐巾来折叠,其次,折叠时要求神龟的四角大小均匀、对称,神龟的头部与身体成恰当的比例,再次,翻折时要求平整,以达到神龟逼真的效果。

此花型适用场合和特点:

其一,适用于日本客人餐桌前,甲鱼在日本寓意着吉祥长寿;

其二,甲鱼被视为高档菜品,能与菜名相配;

其三,若用深褐色餐巾折叠,起到逼真的效果。

1. 口布打开，正面向上。

2. 四角向中心点折叠。

3. 将口布翻面。

4. 将三角向中心点折叠。

5. 再将口布翻面。

6. 将唯一的尖角两边向中间对折。

7. 将口布翻面。

8. 将底端方形部分的一侧向中心线对折。

9. 同样操作另一侧。

10. 将下部向上折起。

11. 将尖角部分先向下折起，再向上折回，做成头部。

12. 将口布翻面后，把四角向外翻开，做成四只脚。整理成型。

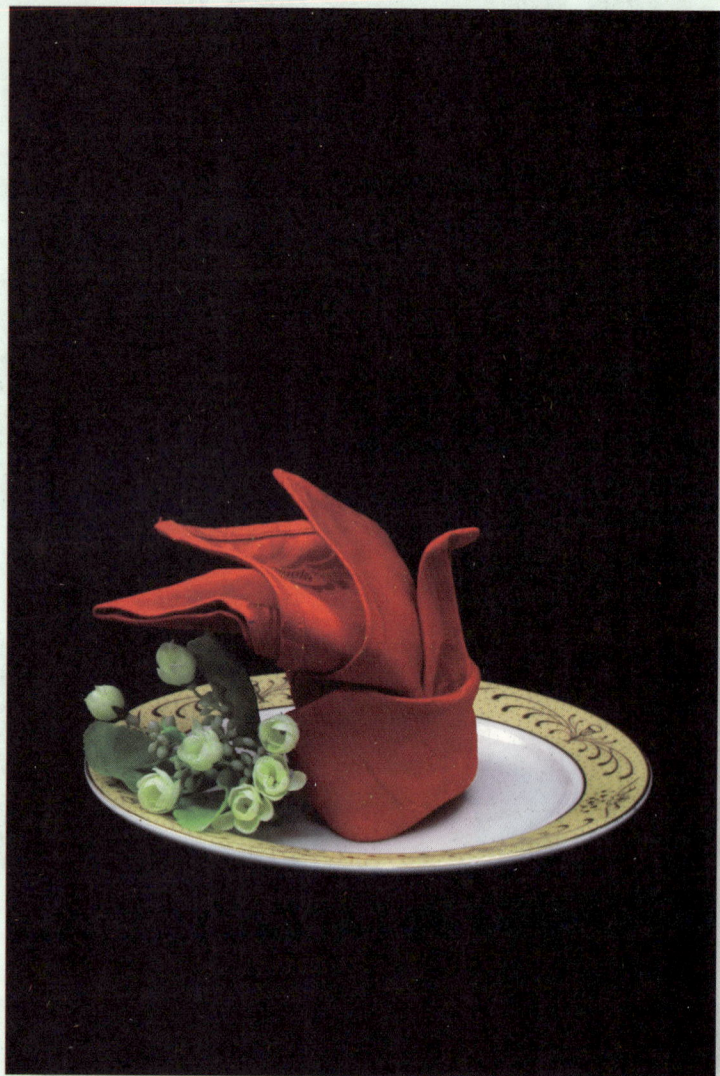

8. 天下和平

　　"天下和平"又称"卧鸽"。它采用了折、捏、攥三种技法。首先此花应选用标准尺寸与质地的餐巾来折叠,其中折叠时应注意整体的形状和大小宽度,其次在折叠过程中应注意此花的观赏度,最后注意鸟头的大小与鸟身相匹配,以起到美观的效果。

　　此花型适用于多种场合:

　　其一,放于国外的旅游团队的宴请餐桌上,象征着世界的和平友谊;

　　其二,可与果蔬雕刻的动物类花式冷盘相呼应;

　　其三,鸽子的食材和烹饪方法很多,能与其相配。

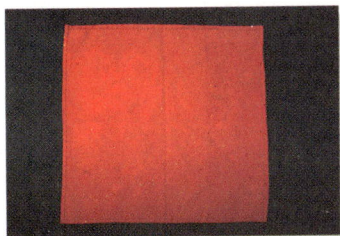
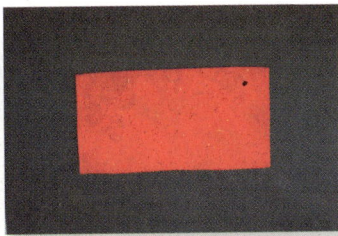
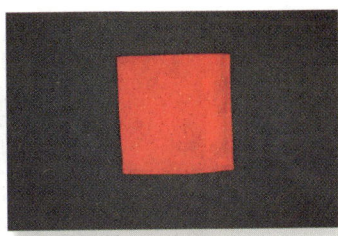

1. 口布打开，反面向上。　　2. 上下对折，成长方形。　　3. 左右对折，成正方形。

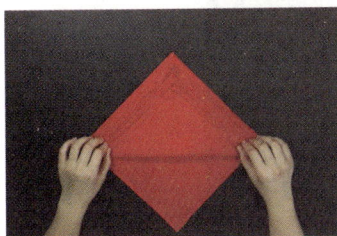

4. 将四层布的一角向着自己，上面的三层逐层向上折，注意留出间距。

5. 将第三层向上折起的口布，左右两边向中间对折，成鸟脖颈状。

6. 将最下层未折叠的口布向上折叠两次，包住鸟脖颈。

7. 将口布翻面后，两侧各约三分之一向中间折起。

8. 将两角对插。

9. 捏出鸟头。

10. 整理成型。

9. 春江水暖

"春江水暖"又称"鸭子戏水"。它主要采用了折、捏两种技法。首先此花应选用标准尺寸与质地的餐巾来折叠,其中鸭身折叠时应间距均等、左右对称,其次折成的鸭颈与鸭身成适当的比例,以起到真实的效果。

此花型适用场合和特点:

其一,与小动物放于一起,给小宾客带来快乐感;

其二,鸭子的食材和烹饪方法很多,能与其相配;

其三,可选用嫩黄色的餐巾折叠,起到逼真的效果。

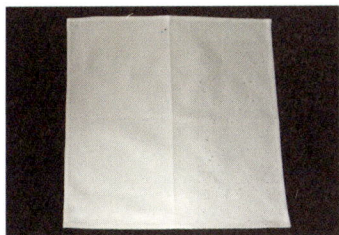

1. 口布打开，正面向上。

2. 上下对折，成长方形。

3. 左右对折，成正方形。

4. 将四层布的一角向着自己，上面的三层逐层向上折，注意留出的间距约为0.5厘米。然后将一侧向中心线对折。

5. 同样操作另一侧。

6. 将较大的一端折尺形，向下折叠约2厘米。

7. 反向对折（左右）。

8. 一手捏住底部，一手做鸭头。

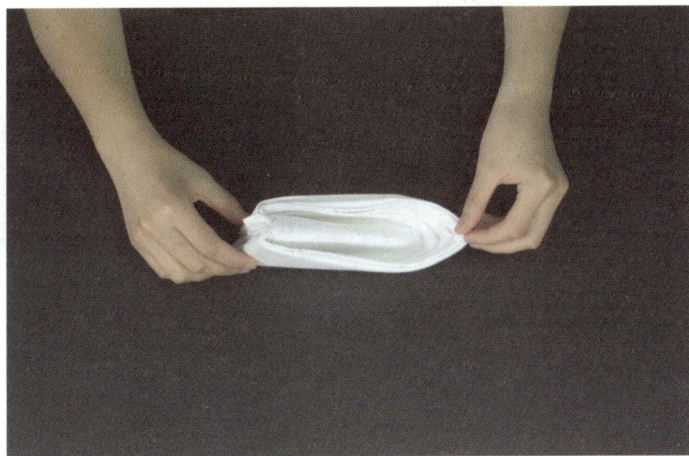

9. 整理成型。

10. 春风玉叶

"春风玉叶"又称"一片叶"。它采用了折、推两种技法。其中折应根据叶片的大小来决定折的宽度,而推褶的多少是叶片形状美观的关键,以上两种技法运用得当能使叶片达到逼真的效果。

此花型适用场合和特点:

其一,与应季的食材相配,起到相互呼应的效果;

其二,可选用绿色的餐巾折叠,给人一种逼真感;

其三,适用于各种大型宴请,起到整齐划一的效果。

1. 口布打开，反面向上。

2. 上下对折，成长方形。

3. 取右半边的正方形对角线为基准，起一条褶裥。

4. 沿这条褶裥向右上角推折。

5. 一手捏住褶裥中心，另一手持口布上边缘的中线点，将上下边缘对折。

6. 将最右边的尖角向下边缘合拢，形成叶片。

7. 一手固定住叶片底部，将口布旋转90°，然后将下边缘向叶片底端对折。

8. 整理成型。

模块五：拓展环花

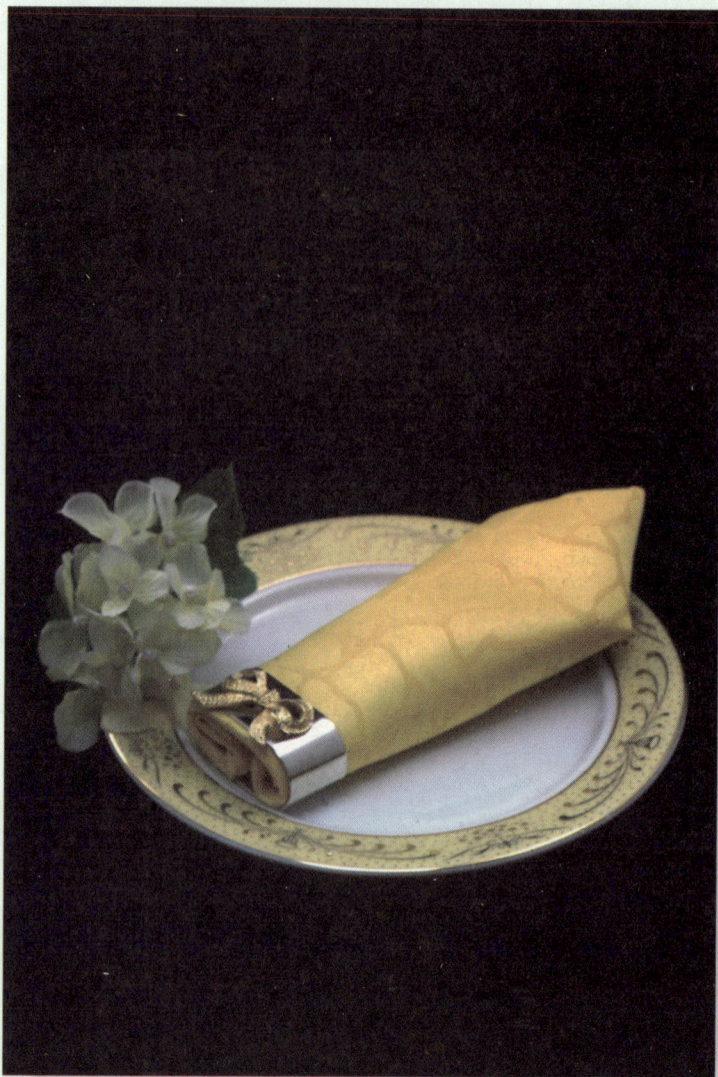

1. 派克金笔

"派克金笔"采用了折、卷两种技法。其中折取决于笔尖的长短,卷决定了笔尖的美观程度,要求卷曲自然、两边对称,使花型产生逼真的效果。此花对初学者来说是磨练基本功的有效方法之一。

此花型适用场合和特点:

其一,放于各种大型宴请,起到整齐划一的效果;

其二,可与金器餐具同放,体现餐桌整体的协调性;

其三,若用金黄色餐巾折叠此花,给人一种真实感。

1. 口布打开，反面向上。

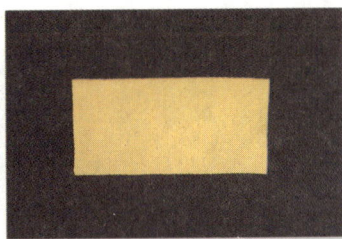

2. 上下对折，成长方形。

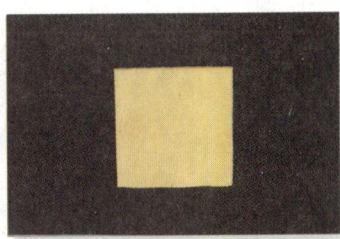

3. 左右对折，成正方形。

4. 将四层布的一角向着自己，再向上对折，距顶端2厘米。

5. 将其中一角折至中心线。

6. 同方向卷至口布中间。

7. 用同样的方法操作另一侧。

8. 笔尖尾部插入环中。

9. 整理笔尖及笔杆部分。

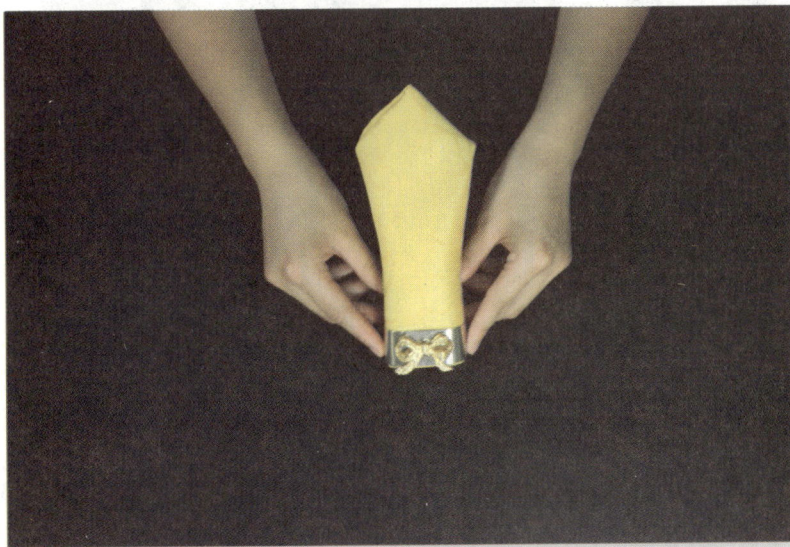

10. 整理成型。

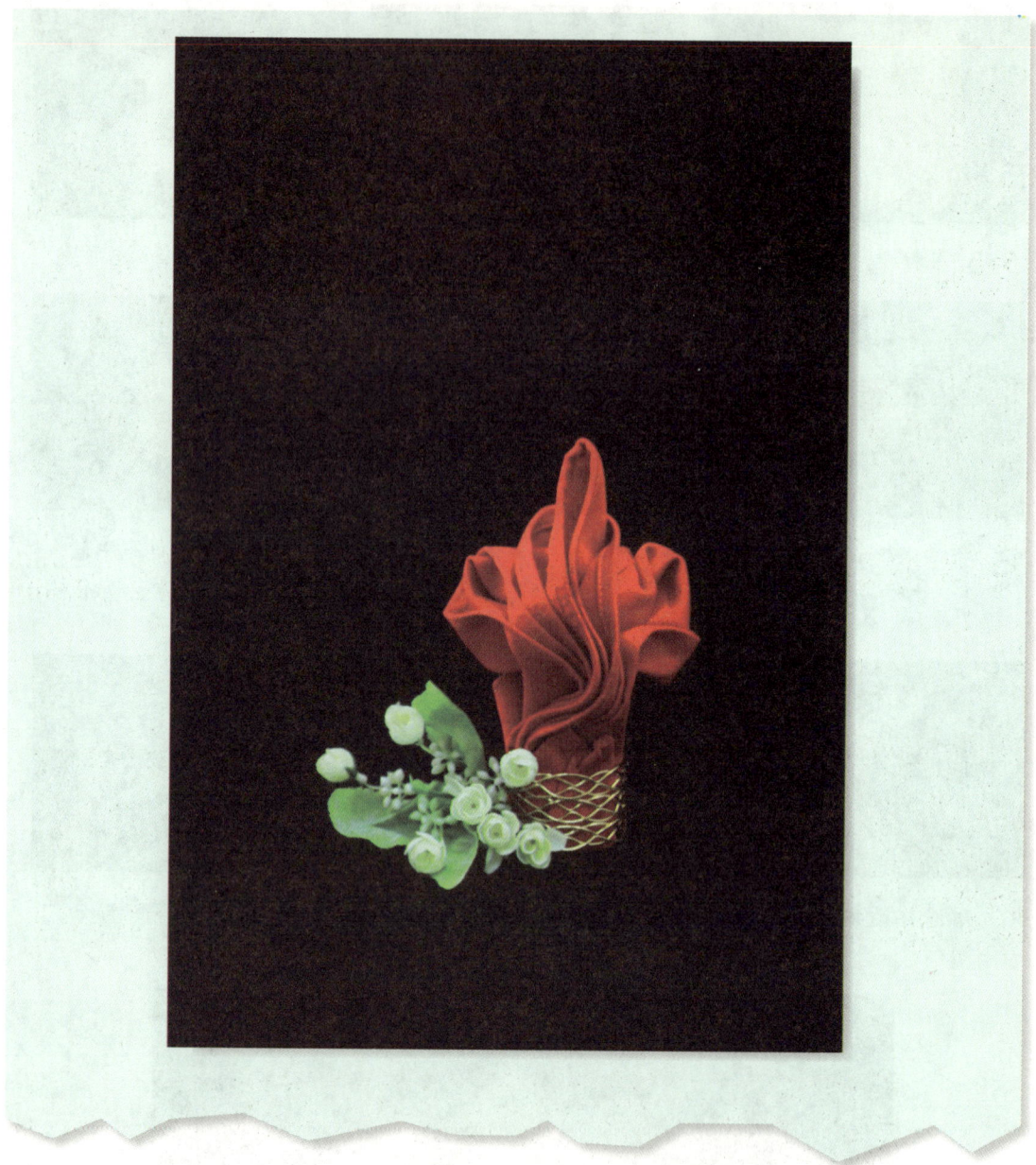

2. 诱人甜品

"诱人甜品"又称"冰激凌"。它采用折、推、翻三种技法。要求推折高低一致、均匀平整，翻的深度要符合冰激凌的形态，左右两侧高低适宜、大小均等，中间略高，以达到美观的效果。

此花型适用于多种场合：

其一，用于夏天宴请宾客，给人一种清爽袭人的感觉；

其二，如有餐后甜点可与之相呼应；

其三，可放于小宾客面前，给人一种喜悦感。

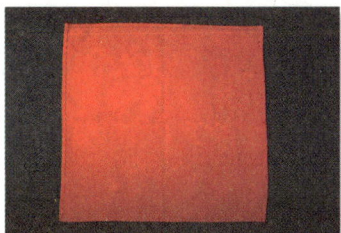

1. 口布打开，反面向上。

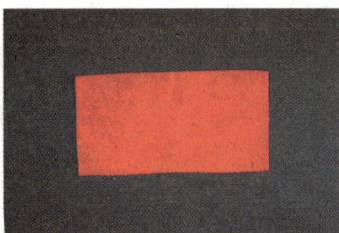

2. 上下对折，成长方形。

3. 左右对折，成正方形。

4. 将开两层口的一角向着自己，翻起上面一层向上对折。

5. 将口布翻面。

6. 将剩下的一层再往上对折。

7. 旋转90°后，从三角形的中间向两边推折。

8. 攥紧口布下方，并将上部翻出做花蕊。

9. 用同样的方法翻出做其他两个花蕊。

10. 将底部插入环中。

11. 整理成型。

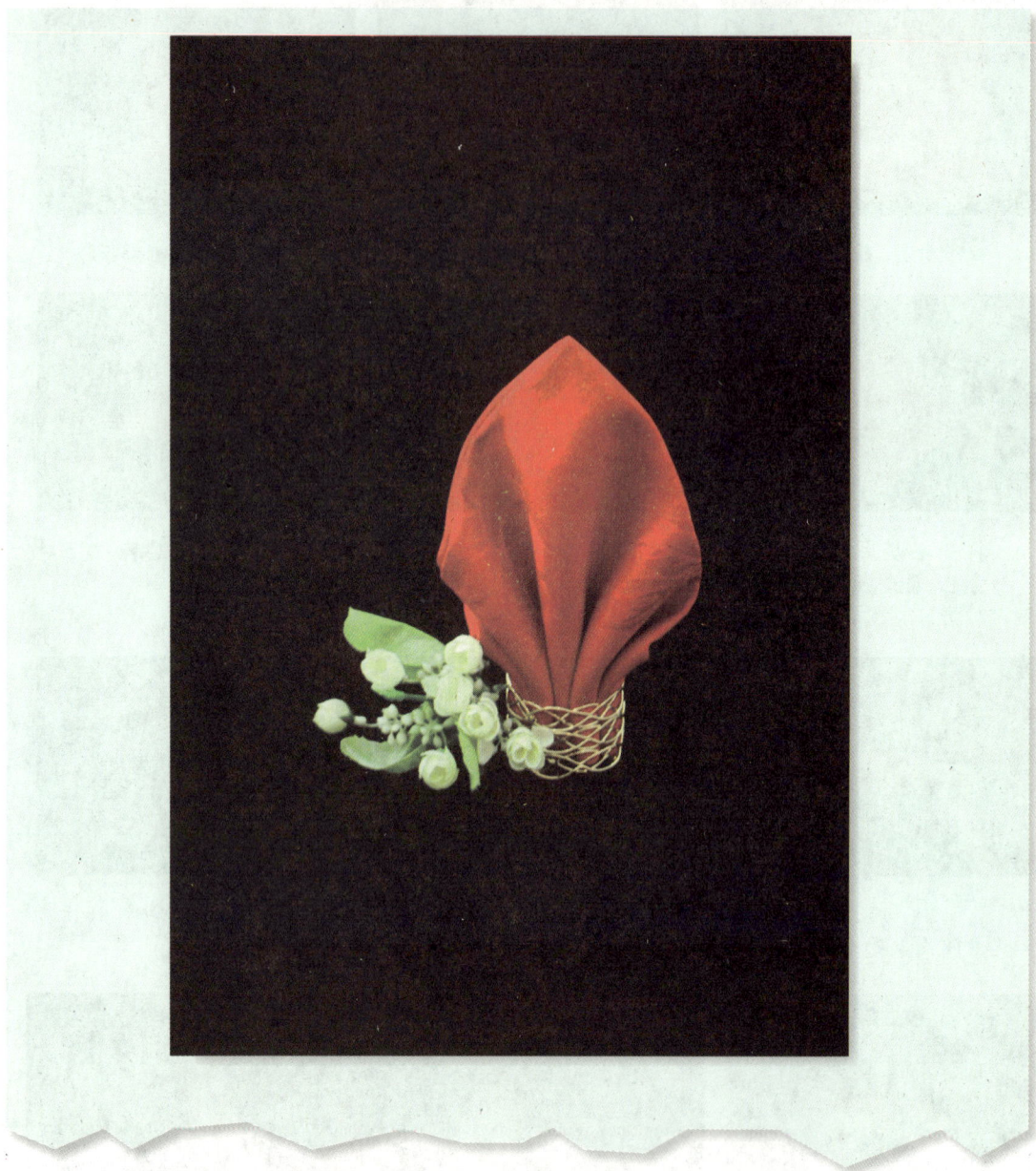

3. 春暖花开

　　"春暖花开"采用了折、推两种技法。要求推折平整、宽度一致，叶子的高度和作品整体相匹配。此花对初学者来说是磨练基本功的有效方法之一。

　　此花适用场合和特点：

　　其一，大型宴会摆放此花起到整齐划一的效果；

　　其二，若用金黄色餐巾折叠，给人一种真实感；

　　其三，此花若用绿色餐巾折叠，与天然植物同放一处能与其媲美。

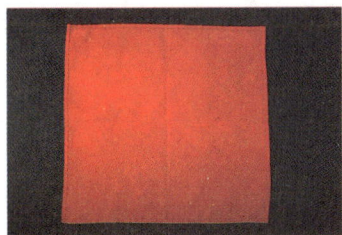

1. 口布打开，反面向上。

2. 上下对折，成长方形。

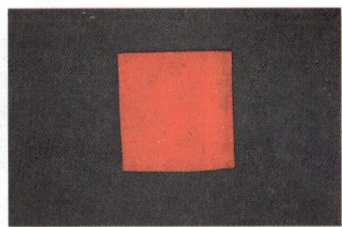

3. 左右对折，成正方形。

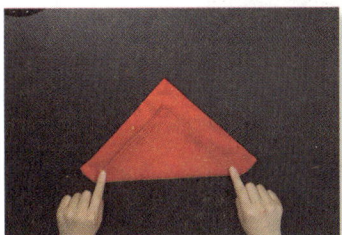

4. 将四层布的一角向着自己，再向上对折，距顶端2厘米。

5. 将口布翻转。

6. 旋转90°后，从三角形的中间向两边推折。

7. 拉直顶部。

8. 插入环中，整理成型。

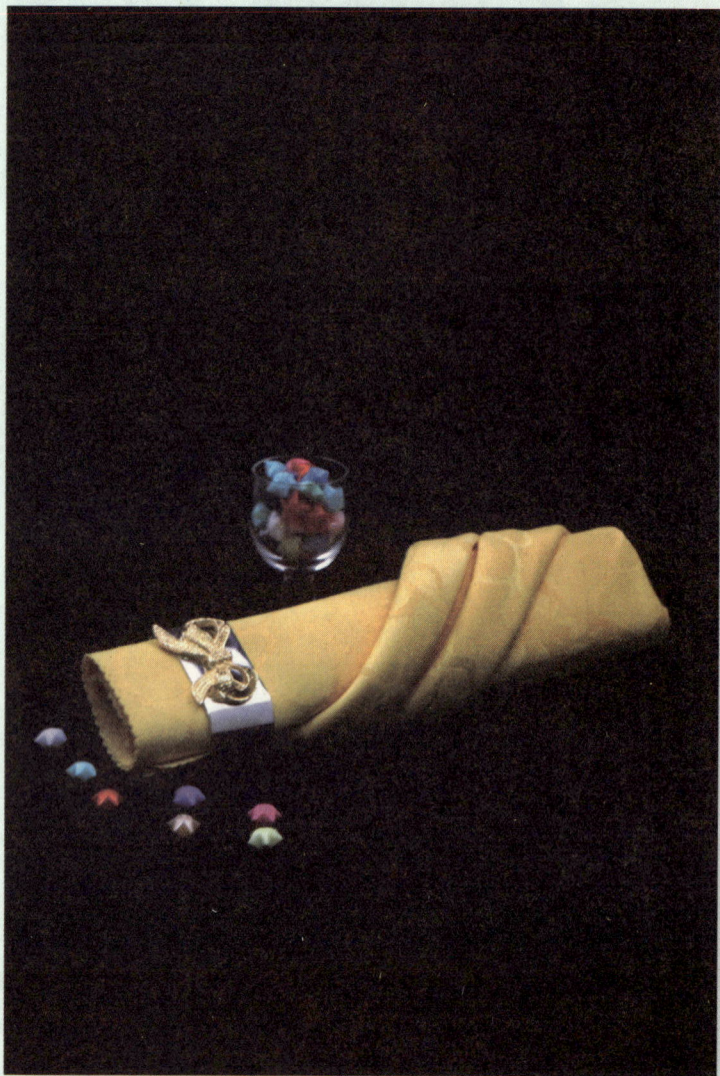

4. 法棍面包

"法棍面包"采用折、卷两种技法。首先要求卷的技法,松紧恰到好处,其次面包的两个花纹放于整体的中央,餐巾的交接处朝下。此花对初学者来说是磨练基本功的有效方法之一。

此花型适用于多种场合:

其一,可与西餐中的面包相呼应;

其二,可放于大型西餐宴会,起到整齐划一的效果;

其三,若用黄色口布折叠,能有逼真的效果。

1. 口布打开，反面向上。

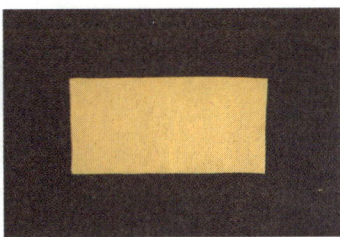

2. 上下对折，成长方形。

3. 左右对折，成正方形。

4. 将四层布的一角向着自己，将第一层往上平卷至中心。

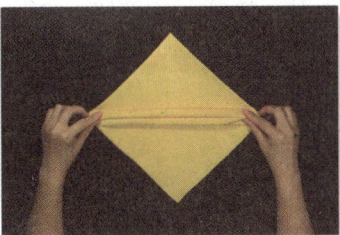

5. 将第二层往上卷至中心。

6. 将口布翻面。

7. 将整块口布从下往上平卷。

8. 卷毕轻拉两头使卷筒平整。

9. 插入环中，整理成型。

5. 玉荷风姿

"玉荷风姿"又称"出水芙蓉"。它采用了折、推两种技法。首先要求推折平整,宽度一致,其次在整理的时候应注意荷叶的层次感,以达到逼真的效果。此花对初学者来说是磨练基本功的有效方法之一。

此花型适用于多种场合:

其一,用于夏天宴请宾客,给人一种清爽袭人的感觉;

其二,放于中餐宴请女士席位前,寓意人如出水芙蓉一般;

其三,可以与金器餐具同放,体现餐桌整体的协调性。

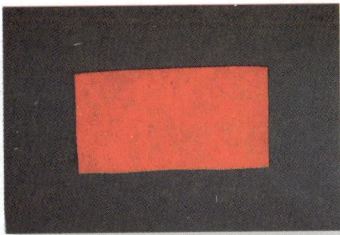
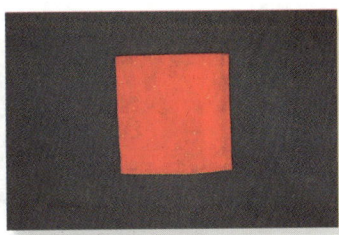

1. 口布打开，反面向上。　　2. 上下对折，成长方形。　　3. 左右对折，成正方形。

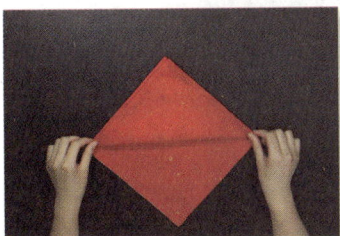

4. 将四层布的一角向着自己，翻起前两层向上对折。

5. 将口布翻面。

6. 将剩下的两层再往上对折。

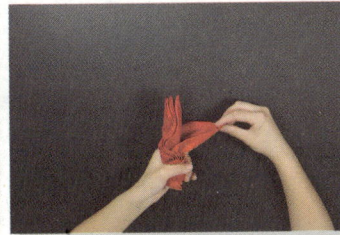

7. 旋转90°后，从三角形的中间向两边推折。

8. 一手攥住底部，另一手轻拉两边的四层布做花瓣。

9. 将中间的花蕊轻微拉开。

10. 插入环中。

11. 整理成型。

6. 双蝶起舞

　　"双蝶起舞"又称"蝴蝶"。它采用了折、卷、推、捏四种技法。其中卷时松紧适中,推折平整,翼部对称且大小相等,以达到美观的效果。以上的各种要求体现出蝴蝶翩翩起舞的形态。

　　此花型适用于多种场合:

　　其一,放于大型宴会上重要人士的席位;

　　其二,可用于宴请席上新婚的夫妇们;

　　其三,可与其他动物类花型同放,体现百鸟争鸣的寓意。

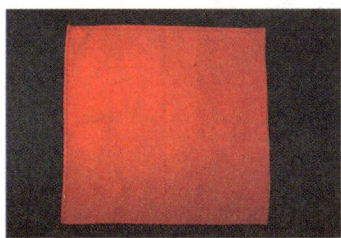

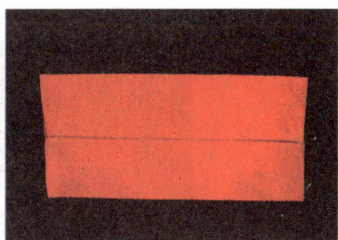

1. 口布打开，反面向上。　　2. 将口布下边缘自下往上　　3. 同样操作另一边。
　　　　　　　　　　　　　　　折至中心线。

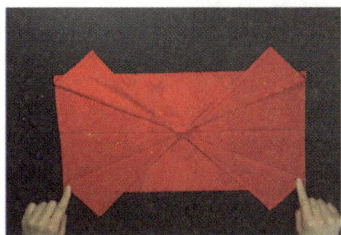

4. 将四角向外翻折，注意　　5. 旋转90°后，从下往上卷　　6. 同方向推折另一半口布。
　　对称。　　　　　　　　　　　至中心线。

7. 将上步骤中所得花型左　　8. 插入环中。
　　右对折。

9. 整理成型。

7. 雄鸡之冠

　　"雄鸡之冠"采用了折、穿、推、攥四种技法。其中穿的技法要求褶皱均匀、紧密,要求宽度一致,以达到美观的效果。此花对初学者来说是磨练基本功的有效方法之一。

　　此花型适用于多种场合:

　　其一,此花用红色餐巾折叠放于春节宴请席上,寓意着红红火火;

　　其二,此花放在餐桌上绿色植物前面,给人一种充满活力的感觉;

　　其三,此花若用金黄色餐巾折叠,给人一种真实感。

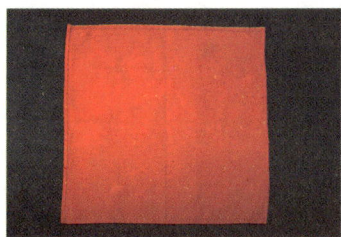

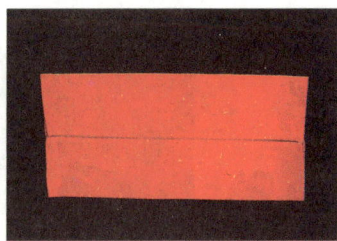

1. 口布打开，反面向上。

2. 将口布下边缘自下往上折至中心线。

3. 同样操作另一边。

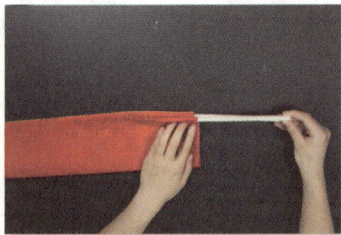

4. 上下对折，注意开口面向上。

5. 分别将两根筷子插入上下两层布中。

6. 旋转90°后，向前推折。

7. 推折完毕。

8. 将花型向上攥紧，然后抽出筷子。

9. 插入环中。

10. 整理成型。

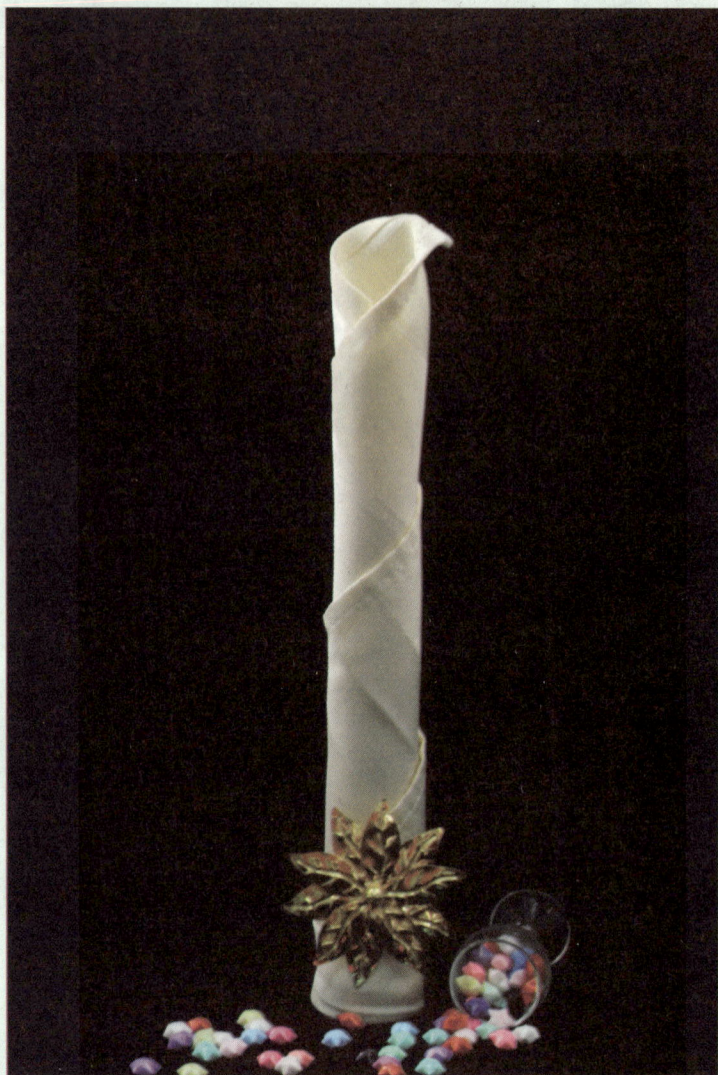

8. 生日快乐

"生日快乐"又称"蜡烛"。它采用折、卷、翻三种技法。首先折的宽度应与蜡烛的整体相协调,其次卷的技法要求卷成螺旋状,达到松紧适宜的程度并且要求底部平整,再次翻时应根据此花的形状来决定翻出的大小,使其形态逼真。此花对初学者来说是磨练基本功的有效方法之一。

此花型适用场合和特点:

其一,可用于生日晚宴,与主题相匹配,祝贺宾客生日快乐;

其二,若用红色口布折叠,能起到逼真的效果;

其三,可用于阖家聚餐时,强调温馨主题。

1. 口布打开，反面向上。

2. 对折成三角形，注意上片略大于下片。

3. 旋转180°后，将底边向上折起约2～3厘米。

4. 翻面后从左往右（或从右往左）折至三分之一处。

5. 旋转90°后，向上平卷。

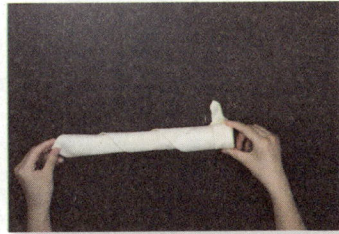

6. 卷毕，略有剩余。

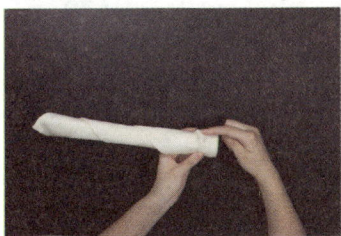

7. 将上步骤中剩余口布整理后插入花型底边。

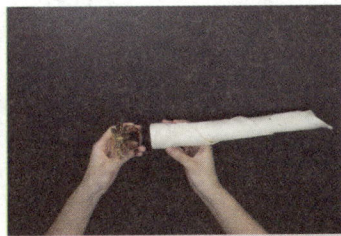

8. 插入环中。

9. 整理成型。

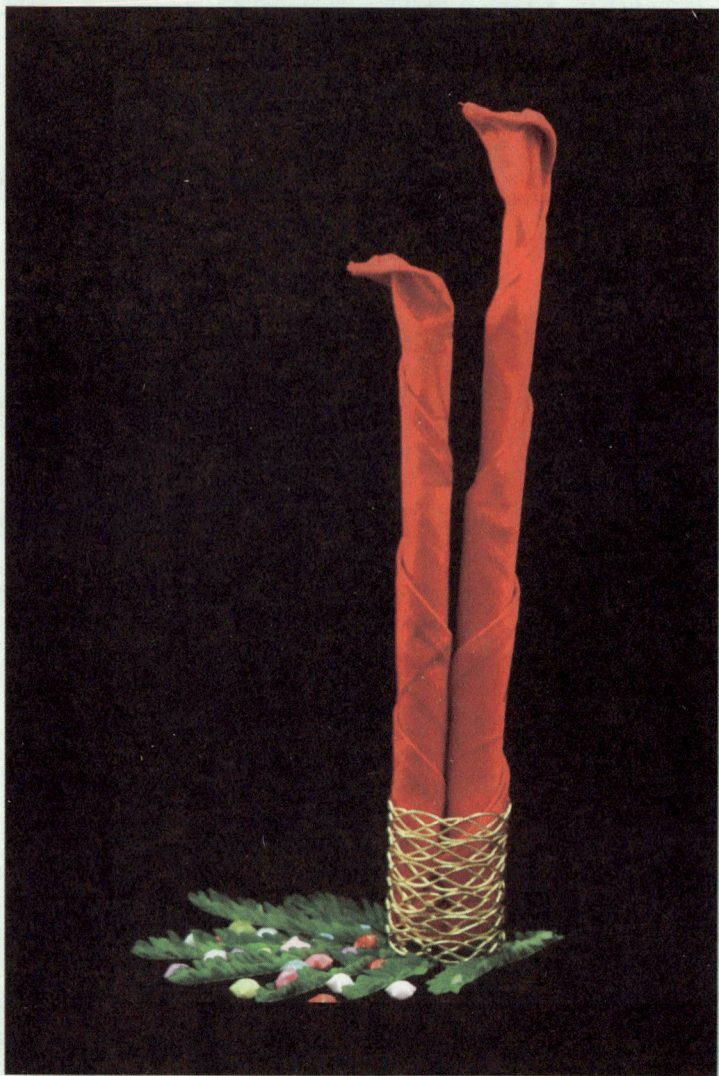

9. 并蒂双莲

"并蒂双莲"采用折、卷两种技法。花环要求卷成粗细均匀、螺旋状对称的图形。

此花型适用于多种场合：

其一,可放于接风的宴请上,表示主人对来宾的热烈欢迎;

其二,可与季节相配,配上花型各异的植物类花型,有春暖花开之意;

其三,此花篮可与菜品相配,如"迎宾花篮"冷盘;

其四,企业开张时,也可用此花型,有喜庆的效果。

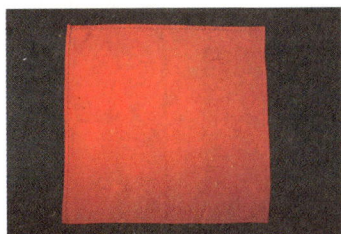

1. 口布打开，反面向上。

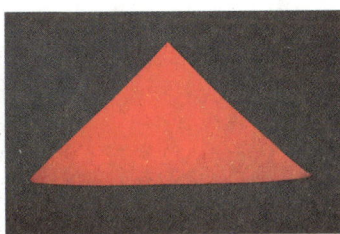

2. 对折成三角形，注意上片略小于下片。

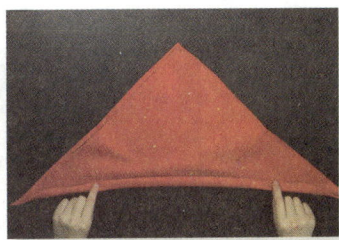

3. 向上平卷。

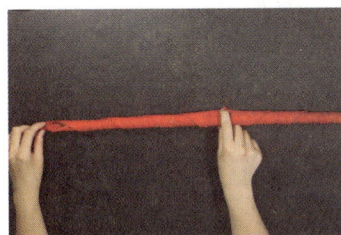

4. 卷毕，轻拉两头使平整。

5. 对折。

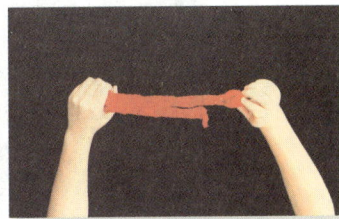

6. 将两角做出花瓣状。

7. 插入环中。

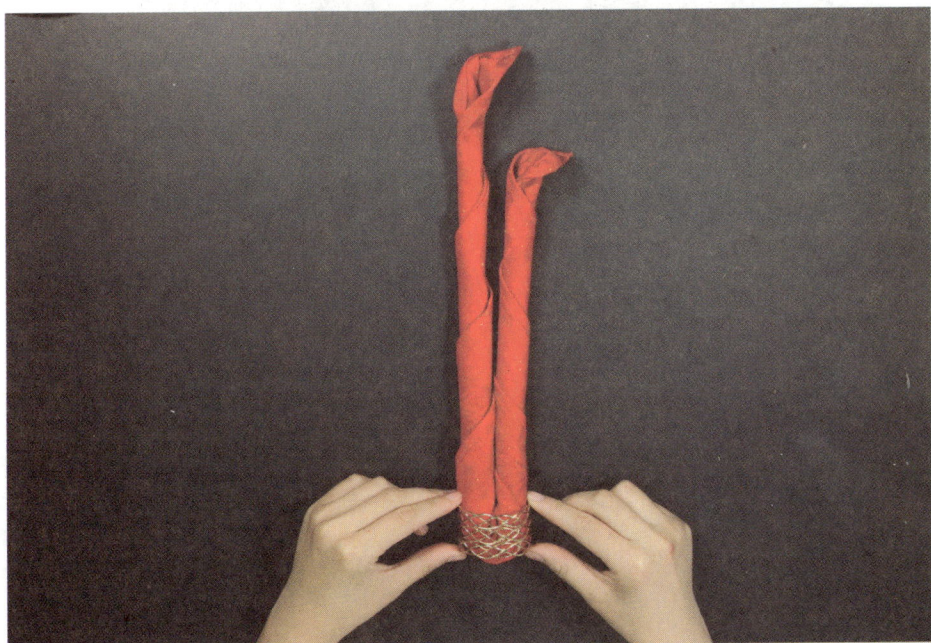

8. 整理成型。

10. 雨后春笋

"雨后春笋"又称"冬笋"。它采用了折、翻两种技法。翻的技法要求间距均匀,层次分明,而折、翻后的反面插入适宜是整个花型挺拔的关键。

此花型适用场合和特点:

其一,冬笋是冬季的食材,能与菜品相配;

其二,冬笋的形状较胖,提示人们应注意膳食平衡;

其三,此花是环花,而且有立体感,可放于西餐桌的正副席位;

其四,此花对职场人士来说,有不断攀登高峰的寓意。

其五,此花若用土黄色餐巾折叠能起到以假乱真的效果。

1. 口布打开，反面向上。

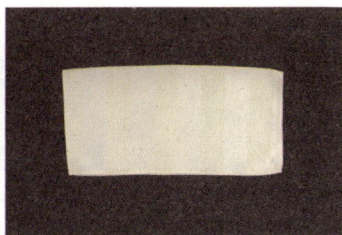

2. 上下对折，成长方形。

3. 左右对折，成正方形。

4. 将四层布的一角向着自己，逐层向上折，注意留出间距。

5. 将口布翻面。

6. 从一侧开始向中间平卷。

7. 同样操作另一侧。

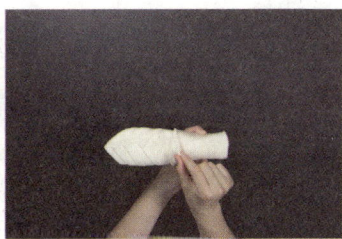

8. 将四角逐层向下翻，成笋壳状。

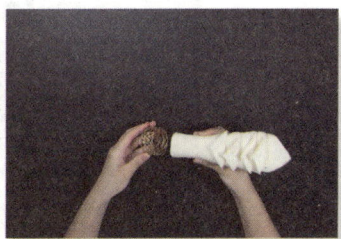

9. 插入环中。

10. 整理成型。

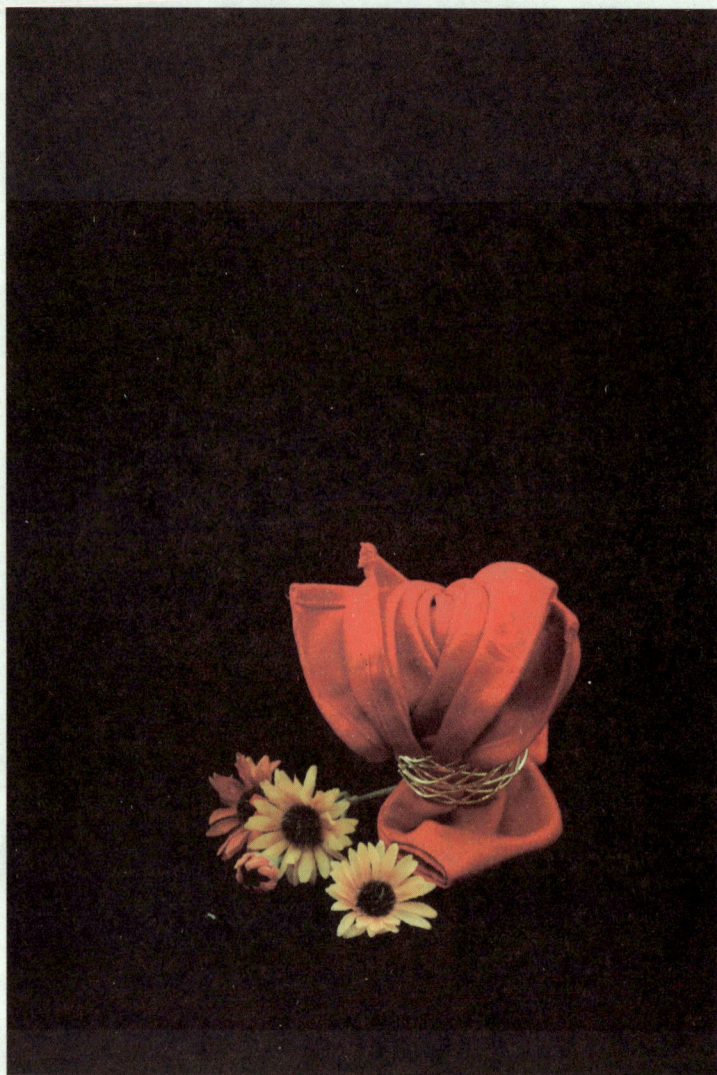

11. 浪漫爱情

　　"浪漫爱情"又称"芳香花"。它采用了折、推、掰、攥四种技法。其中推法的宽度要适合花朵的大小,其次掰的技法要体现花蕊的层次感,以上这两种技法决定浪漫玫瑰的逼真形态,保证整朵花的花型优美。

　　此花型适用于多种场合:

　　其一,用于浪漫婚礼晚宴,寓意着爱情如玫瑰般绚烂;

　　其二,可用于情人节年轻恋人的聚会;

　　其三,可与其他植物类花型同放,体现百花齐放的寓意。

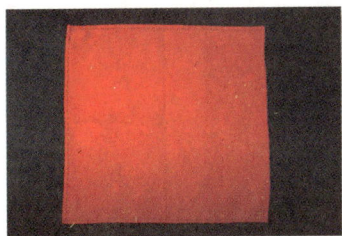

1. 口布打开，反面向上。

2. 上下对折，成长方形。

3. 左右对折，成正方形。

4. 将四层布的一角向着外侧，从靠近自己的一侧向外推折。

5. 整理平整，注意双手不放松。

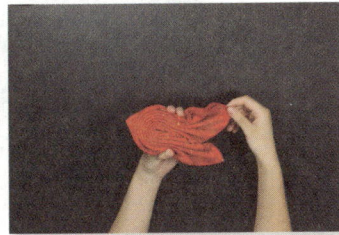

6. 左右对折。

7. 一手攥紧下部，另一手掰开花瓣。

8. 整理叶片，使上翘。

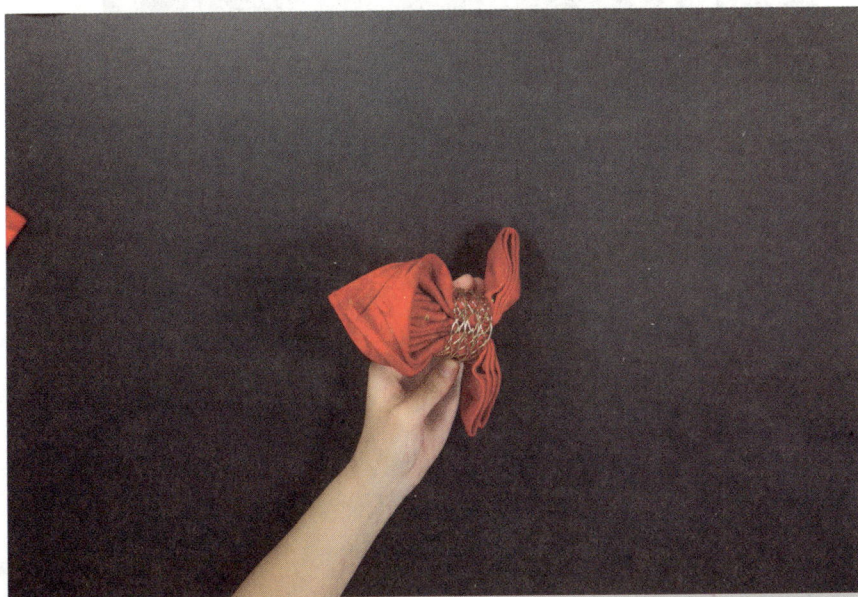

9. 插入环中，整理成型。

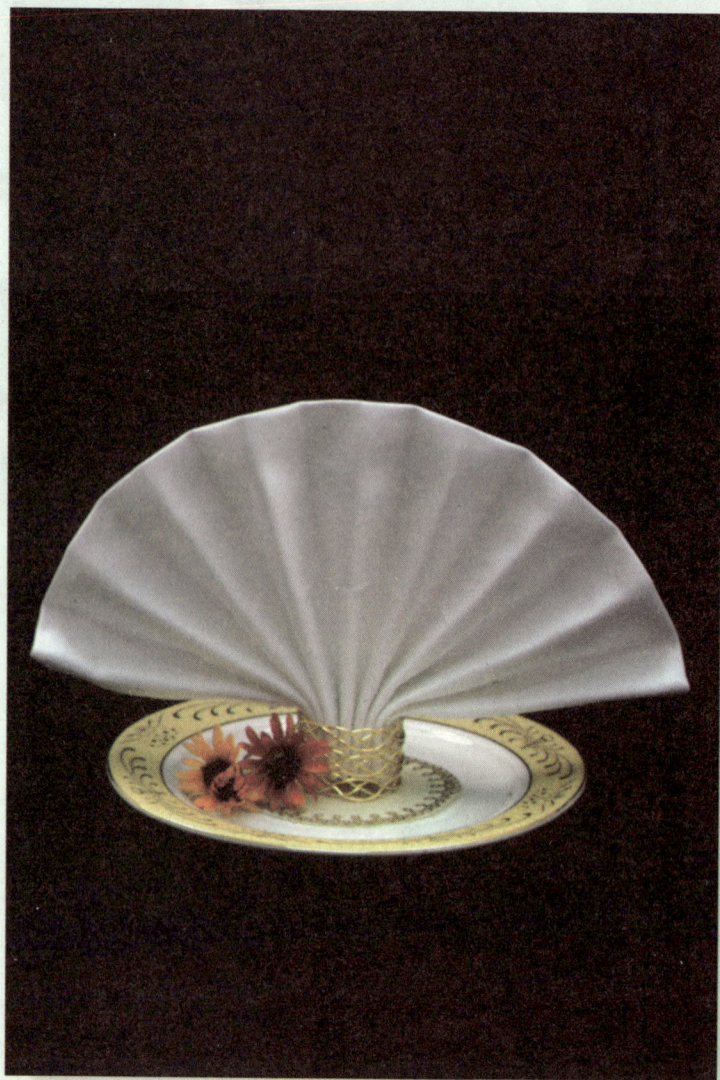

12. 玉扇闺香

"玉扇闺香"采用推、折两种技法。其推的技法要求平整、宽度一致,两边的折叠成对称状,整体弧度自然、平滑,以达到美观的效果。此花对初学者来说是磨练基本功的有效方法之一。

此花型适用于多种场合:

其一,用于夏天宴请宾客,给人一种清爽袭人的感觉;

其二,可放于小宾客面前,给人一种快乐感;

其三,可用于诗歌文艺等晚会,起到呼应作用。

1. 口布打开，反面向上。

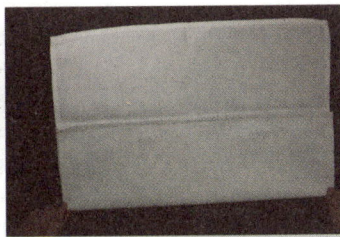

2. 将口布下边缘自下往上折约三分之一。

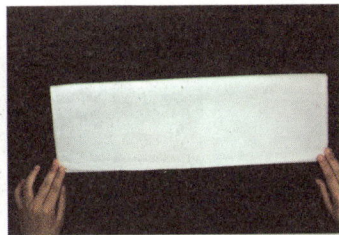

3. 将上部剩余三分之一的口布向下翻折。

4. 旋转 90°后，从底部向上推折。

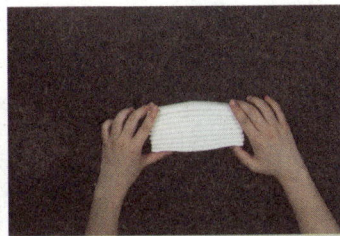

5. 推着完毕，拉直使平整。

6. 插入环中。

7. 整理成型。

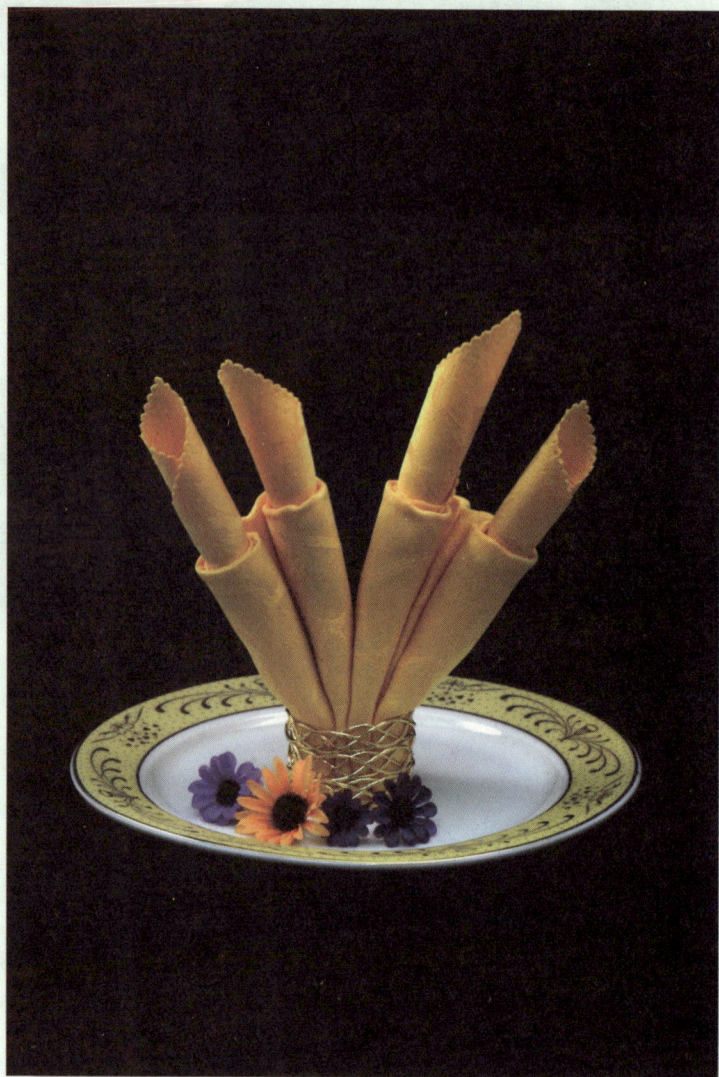

13. 蛋卷飘香

"蛋卷飘香"采用了折、卷两种技法。其中折的宽度取决于蛋卷的长度,卷的松紧可体现出蛋卷的大小,以上两种技法可使蛋卷形态逼真。

此花型适用场合和特点:

其一,可与红色桌布搭配,给人一种华丽感;

其二,可放于小宾客或老年人的席位前,给人其一种真实感;

其三,若用黄色餐巾折叠,起到以假乱真的效果。

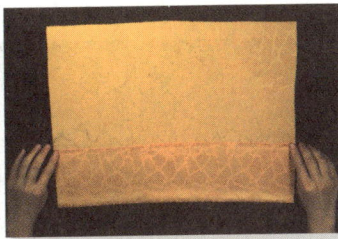

1. 口布打开，反面向上。

2. 将口布下边缘自下往上折至中心线。

3. 同样操作另一边。

4. 将四角向外翻折，注意对称。

5. 旋转90°后，从下往上卷。

6. 卷至中心线。

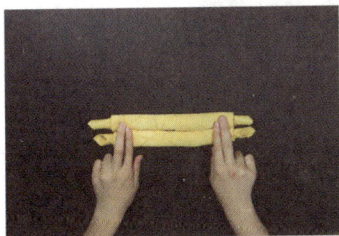

7. 同样操作上半部分的口布。

8. 左右对折。

9. 插入环中。

10. 整理成型。

14. 书香门第

　　"书香门第"又称"书卷"。它采用了折、卷两种技法。其中折是决定此花长度的关键，卷的松紧则体现出书卷的大小。此花对初学者来说是磨练基本功的有效方法之一。

　　此花型适用于多种场合：

　　其一，可放于各种宴请学业有成的青年席位前；

　　其二，若用黄色餐巾折叠，给人金榜高中的感觉；

　　其三，用于谢师宴席上，能与宴会主题相配。

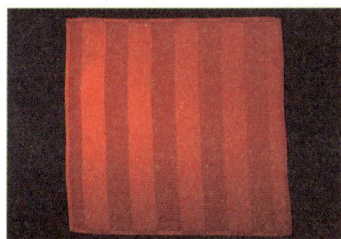

1. 口布打开,反面向上。

2. 上下对折,成长方形。

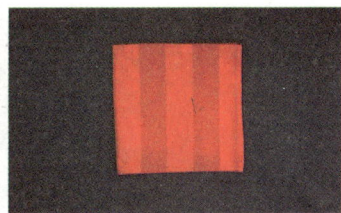

3. 左右对折,成正方形。

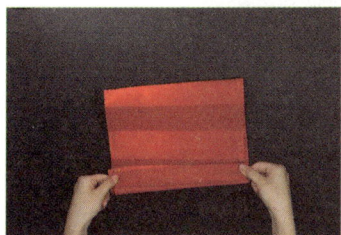

4. 从下往上平卷。

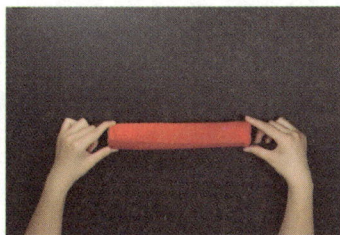

5. 卷毕,轻拉使平整。

6. 插入环中。

7. 整理成型。

15. 花含双蕊

　　"花含双蕊"采用了折、推、拉、翻、攥五种技法。首先要求推折平整,宽度一致,其次包裹紧实、整齐,拉出的叶子对称且大小相等,最后花苞使用特殊翻的技法,使两个花苞大小一致、方向相反,以达到美观、逼真的效果。此花对初学者来说是磨练基本功的有效方法之一。

　　此花型适用场合特点:

　　其一,放于孪生兄弟姐妹宴请的席位上,寓意着手足情深;

　　其二,可与其他植物类花型同放,体现百花齐放的寓意;

　　其三,此花的摆放不遮盖其他餐具。

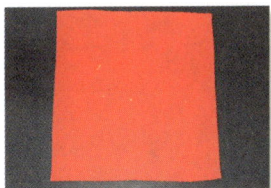

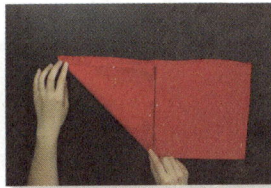

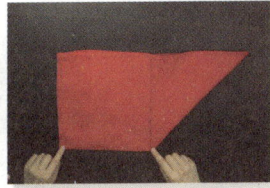

1. 口布打开，正面向上。

2. 上下对折，成长方形，注意开口向外侧。

3. 将左下角（或右下角）折至外边缘中心点。

4. 将口布翻面。

5. 同样操作另一角，成三角形。

6. 一手持三角形顶端，另一手提起三角形最长边的上面一层，注意捏住中心点。

7. 轻提后放下，如图成正方形，并将开口处向外。

8. 从下往上折起约5厘米。

9. 将口布翻面。

10. 旋转90°后，从中间向两边推折。

11. 一手攥紧底部，另一手翻开两边的口布做叶片。

12. 将其中一角翻成花蕊状。

13. 同样操作另一角。

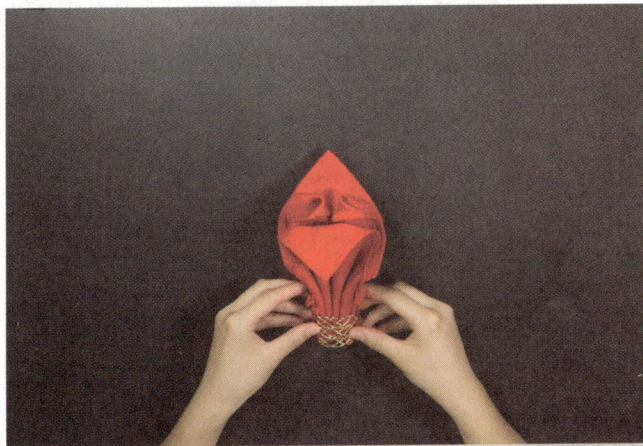

15. 整理成型。

14. 插入环中。

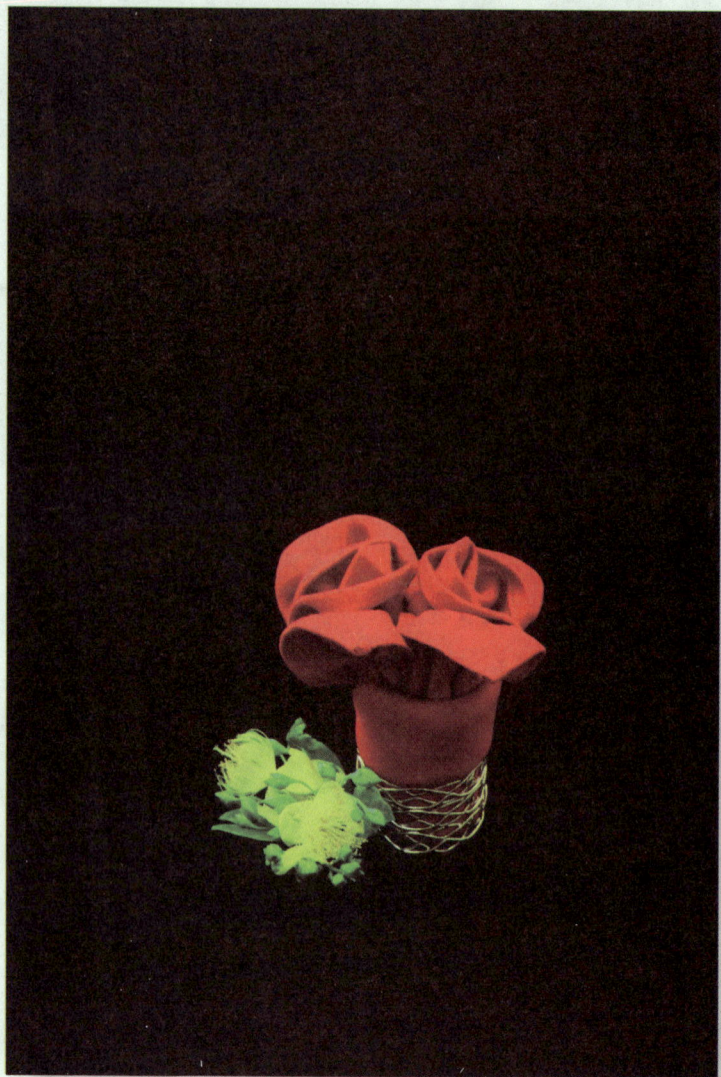

16. 月月并蒂

　　"月月并蒂"又称"同生花"。它采用了折、推、拉、翻、攥五种技法。首先要求推折平整,宽度一致,其次包裹紧实、整齐,拉出的叶子对称且大小相等,最后花苞使用特殊翻的技法,使两个花苞大小一致、方向相反,以达到美观、逼真的效果。此花对初学者来说是磨练基本功的有效方法之一。

　　此花型适用场合和特点:

　　其一,放于孪生兄弟姐妹宴请的席位上,寓意着手足情深;

　　其二,可与其他植物类花型同放,体现百花齐放的寓意;

　　其三,若用红色口布折叠能起到逼真的效果。

 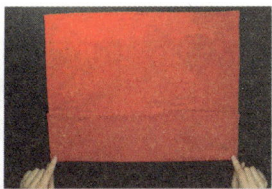 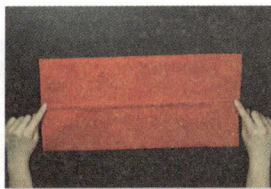 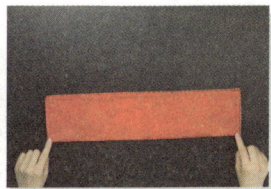

1. 口布打开，正面向上。

2. 将口布下边缘自下往上折至中心线。

3. 同样操作另一边。

4. 沿中心线反向对折。

5. 再左右对折。

6. 以分层最多的角为顶端、角平分线为中轴，向两边推折。

7. 将推折部分平均分成两份，形成两个花骨朵。

8. 将两个花骨朵水平排列，一手攥紧褶裥底部，另一手整理剩余部分。

   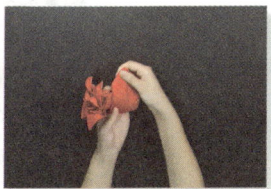

9. 一手攥紧褶裥底部，另一手选取其中一个花骨朵，翻开两边的口布做叶片。

10. 将中心翻折做花蕊。

11. 同样操作另一个花骨朵。

12. 一手攥紧褶裥处，另一手将剩余口布包住整个底部。

13. 插入环中。

14. 整理成型。

17. 太阳花开

"太阳花开"又称"太阳花"。它采用折、推两种技法。其中折决定此花的大小,而推的技法要求平整、宽度一致,两边折叠成对称状,整体弧度自然、平滑,以达到美观的效果。此花对初学者来说是磨练基本功的有效方法之一。

此花型适用场合和特点:

其一,放于各种大型宴请,起到整齐划一的效果;

其二,若用红色餐巾折叠,能起到逼真的效果;

其三,可与金器餐具同放,体现餐桌整体的协调性。

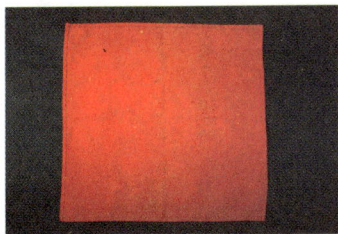

1. 口布打开，反面向上。

2. 上下对折，成长方形。

3. 旋转 90°后，从下往上推折。

4. 推折完毕。

5. 插入环中。

6. 将环移至中部，拉直使平整。

7. 整理成型。

18. 王子马靴

　　"王子马靴"又称"意大利靴"。它采用单一的折法进行折叠。折叠时应注意整体的形状和靴子的大小宽度,在折叠过程中应注意此花的正反面及观赏度,以使此花达到形态逼真的效果。

　　此花型适用场合和特点:

　　其一,可适用于圣诞节西餐宴请,与其相配;

　　其二,可放于小宾客席位前,给人一种活泼感;

　　其三,若用红色、黄色的餐巾折叠,能起到逼真的效果。

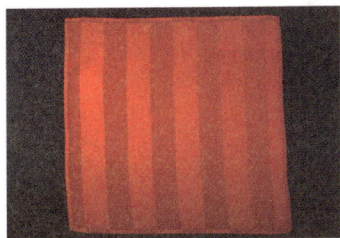
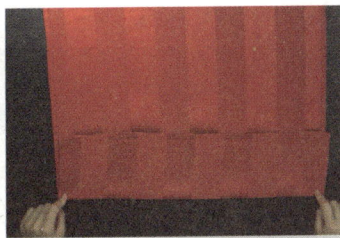
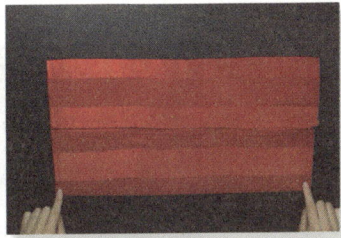

1. 口布打开，反面向上。　2. 将口布自下往上折至中心线。　3. 同样操作另一边。

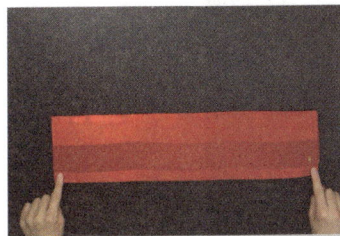
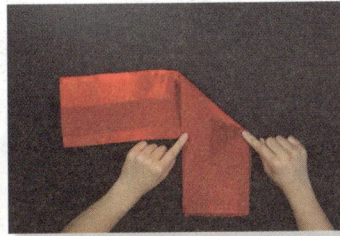

4. 上下对折，注意开口面向下。　5. 将口布的一侧向自己的方向折起，不超过纵向中心线。　6. 将另一侧同样向自己的方向折起，两侧靠拢。

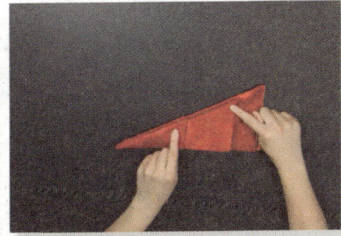

7. 将一侧再向内对折。　8. 同样操作另一侧。　9. 对折完毕。

10. 将长的一侧向内翻折。　11. 翻折后成"靴帮"。　12. 将多余口布插入前部。

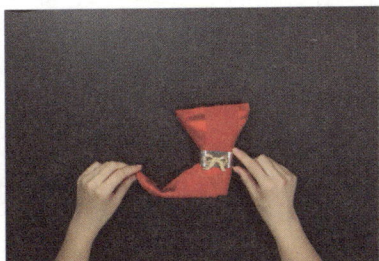

13. 插入环中。　14. 整理成型。

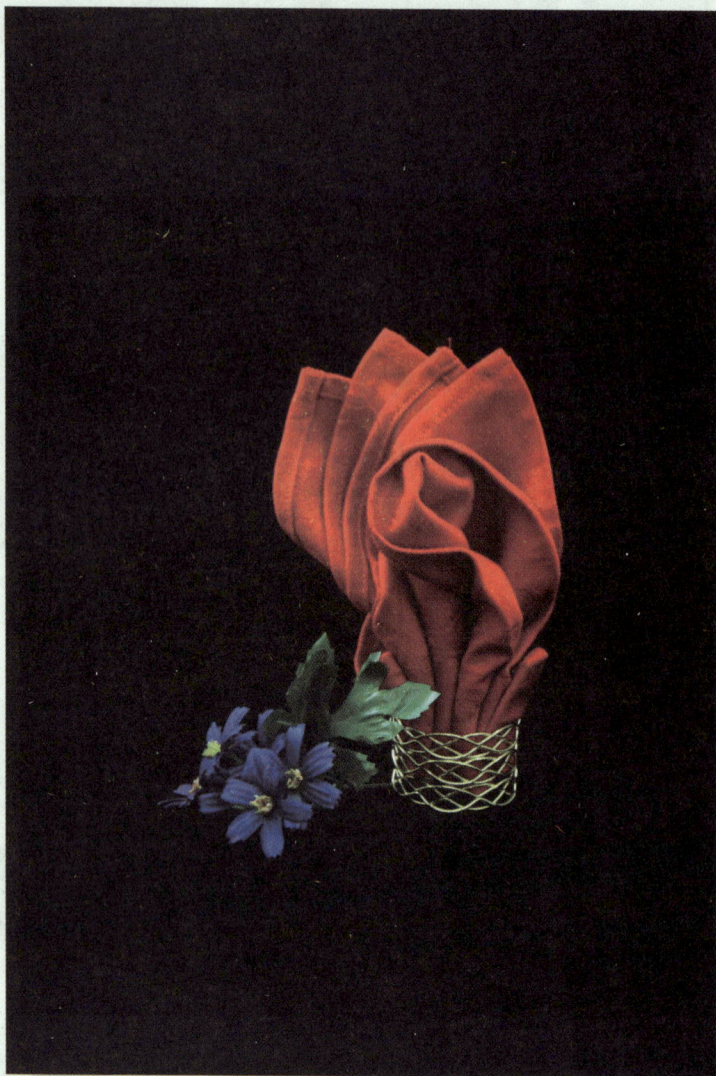

19. 喜气洋洋

　　"喜气洋洋"又称"西装花"。它采用了折、推、翻三种技法。首先要求推折平整,宽度一致,其次在整理的时候应注意花蕊的逼真感,以达到美观的效果。此花对初学者来说是磨练基本功的有效方法之一。

　　此花型适用于多种场合:

　　其一,适用于正式宴请男士席位前,能与服饰相配;

　　其二,大型宴会摆放此花起到整齐划一的效果;

　　其三,可以与金器餐具同放,体现餐桌整体的协调性。

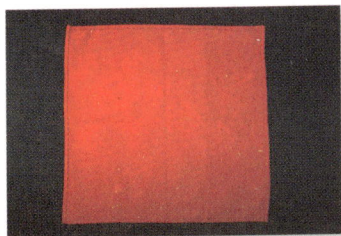
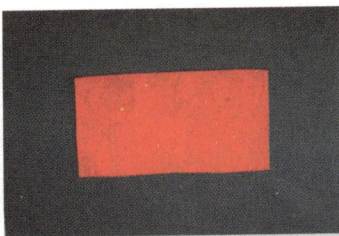
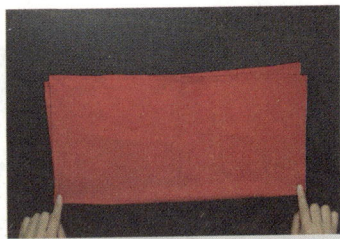

1. 口布打开，反面向上。

2. 对折成长方形，注意开口向外侧。

3. 将上下两层微微错开。

4. 将口布自左向右对折。

5. 将底角向上对折，注意距离顶端约1厘米。

6. 旋转90°后，从中间向两边推折。

7. 一手攥紧底部，另一手将最前面的角翻开做花蕊。

8. 插入环中。

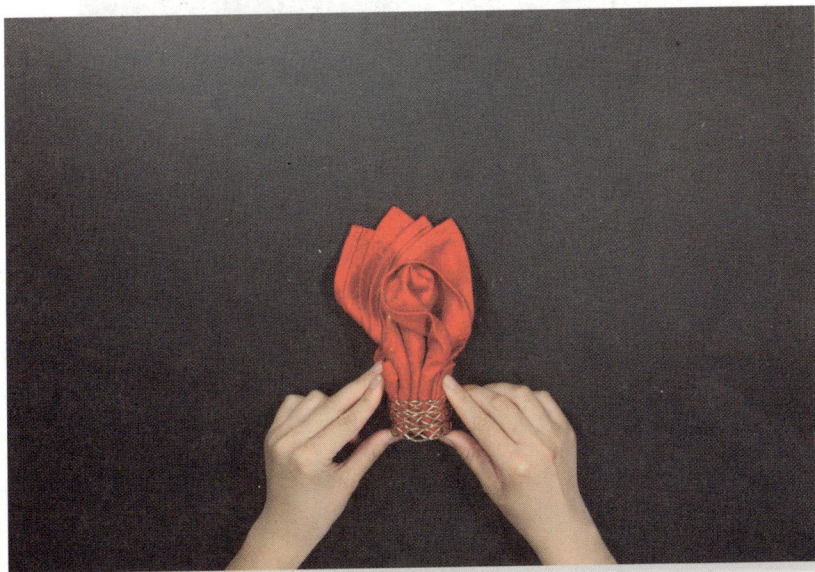

9. 整理成型。

20. 神奇章鱼

　　"神奇章鱼"又称"鱿鱼"。它采用单一的折法进行折叠。折叠时应注意整体的形状和鱿鱼的大小宽度,在折叠过程中应注意此花的正反面及观赏度,以使此花达到形态逼真的效果。此花对初学者来说是磨练基本功的有效方法之一。

　　此花适用于多种场合:

　　其一,可以与金器餐具同放,体现餐桌整体的协调性;

　　其二,适用于海鲜宴请席上;

　　其三,可放于姓尤的宾客席位前。

1. 口布打开，反面向上。

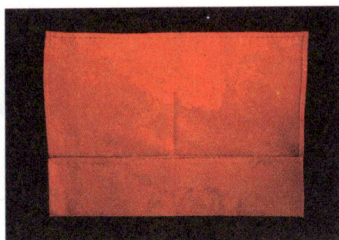

2. 将口布下边缘自下往上折至中心线。

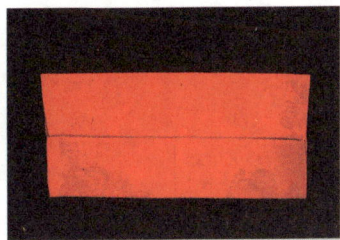

3. 同样操作另一边。

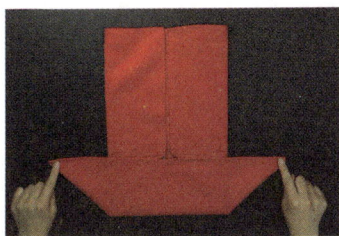

4. 旋转90°后，捏住两角，向外翻开。

5. 同样操作另一侧。

6. 旋转90°后对折。

7. 将左右下角分别往中心点对折。

8. 左侧再往中间对折。

9. 同样操作右侧。

10. 旋转90°后再对折。

11. 将平整面向上放置。

12. 插入环中。

13. 整理成型。

附：中西餐桌布置展示

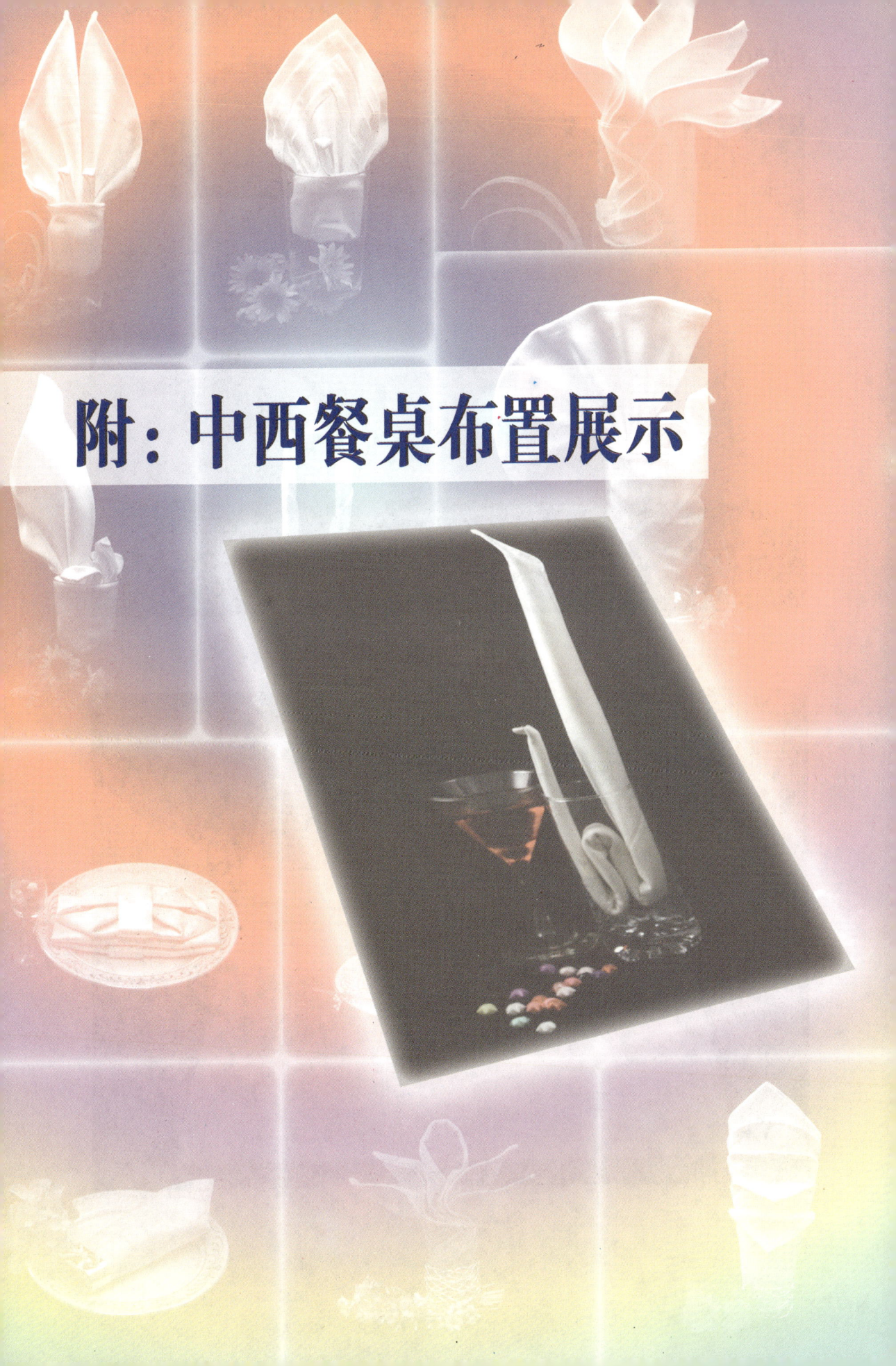

西式台面欣赏 1

西式台面欣赏 2

中式台面欣赏 1

中式台面欣赏 2

中式台面欣赏 3

图书在版编目(CIP)数据

餐巾折花艺术/沈瑗主编.—上海:华东师范大学出版社

ISBN 978 - 7 - 5617 - 9819 - 5

Ⅰ.①餐… Ⅱ.①沈… Ⅲ.①餐馆-桌台-装饰-中等专业学校-教材 Ⅳ.①TS972.32

中国版本图书馆 CIP 数据核字(2012)第 173945 号

餐巾折花艺术

职业教育高星级饭店运营与管理(酒店服务与管理)专业教学用书

主　　编　沈　瑗
责任编辑　李　琴
编辑助理　蒋梦婷
装帧设计　徐颖超

出版发行　华东师范大学出版社
社　　址　上海市中山北路 3663 号　邮编 200062
网　　址　www.ecnupress.com.cn
电　　话　021 - 60821666　行政传真 021 - 62572105
客服电话　021 - 62865537　门市(邮购)电话 021 - 62869887
地　　址　上海市中山北路 3663 号华东师范大学校内先锋路口
网　　店　http://hdsdcbs.tmall.com

印 刷 者　宜兴市德胜印刷有限公司
开　　本　787×1092　16 开
印　　张　14
字　　数　255 千字
版　　次　2012 年 8 月第 1 版
印　　次　2019 年 8 月第 6 次
书　　号　ISBN 978 - 7 - 5617 - 9819 - 5/G·5806
定　　价　35.00 元

出 版 人　王 焰